KB055967

인간의 비밀

드리는 말씀

이 책은 우리가 살아가는 물질세계의 이야기지만 물질인 육체와 함께 마음의 근원인 영적인 면을 다뤘으며 모든 생명체의 근원과 인간의 영혼은 무엇으로 이루어져 있으며 그 특성은 무엇인가, 명상의 한계점을 초월하면 무슨 일이 어떻게 일어나는지 다루고 있습니다. 또 「달 여행」 편에서는 제가 우주로 향할 때 지구에서 뒤따라온 신(神) 같은 존재와 일행이 되어 달을 여행하고 돌아오는 과정과 「하늘나라 천국의 진실」 편에서는 천국은 어디에 어떻게 만들어져 있나, 천국에는 어떤 신들이 계신가 그리고 천국의 비밀은 무엇이며 하는 일은 무엇인가는 인류 최고의 비밀이자 우주 최고의 비밀이라고 할 수 있습니다.

인간이 각 개인 성격과 취향에 따라 크고 작은 자신만의 비밀이란 것이 수도 없이 많을 수 있겠지만 이 책은 제가 인간이기 때문에 제 자신에 대하여 밝히는 것들이 인간의 모든 비밀일 수는 없겠습니다만 곧 인간의 비밀에 대하여 어느 정도는 밝히는 것이 되겠습니다. 그만큼 인간의 비밀에 대하여 안다는 것은 결국 우주 창조주에 대하여 한 발 더 가까이 다가가는 지름길이어서 우주 창조주를 이해하는데 큰 도움이 될 것입니다.

이 책은 지구상에서 인간에게만 나타날 수 있는 신비로운 현상들, 저에게 나타난 어떤 신들이 지구 신들이 아니라 다른 차원의 신 같아서 확인 차 문답을 한 내용들 그리고 인간이 다른 차원과 연결되는 현상에 대하여 밝혔습니다. 이 책의 내용은 모두 제가 직접 체험한 것들입니다.

1995년 1월에 『참(논리와 사고를 넘어서는 우주와 영혼)』을 출판했고, 2009년 9월에는 『인간과 하늘의 비밀』을 출판했습니다. 이 두 권의 책은 지인들에게 배포하기 위하여 출판했는데 이 두 권의 책이 오늘날 이 책의 초석이 되었습니다.

이 책에서 문답이 나오는 것은 제가 지구 신들께 여쭈어보는 것이며 신들의 답변은 알아보기 쉽고 무게도 있게 글자를 더욱 굵게 처리하였습니다. 저는 우주의 다른 신들의 말씀은 알아듣는데 지구 신의 말씀은 알아들을 수 없어서 지구 신들과 대화가 통하는 여동생이 통역을 해줬습니다.

이 책의 내용 중 많은 부분이 고금동서를 막론하고 어느 나라의 책에서나 또 어느 누구한테 들을 수 있는 이야기가 아닙니다. 인류가 지구에 나타난 이래로 처음 밝히는 내용들입니다.

모든 걸 우주 창조주에 맡기고 이 책을 썼습니다. 이 책으로 더 평화롭고 더 고요한 마음의 소유자가 되시기를 두 손 모아 빕니다.

2022년 11월 11일

김 성 남

목차

1. 단편적 전생

저는 1954년 6월 초순경에 태어났으며 태어난 집은 그 당시 마을의 다른 집들과 마찬가지로 초가집이었는데 방문이 창호지 한 장만 붙인 문이어서 겨울에 무척 추웠습니다. 그 당시 방이 세 개였고 할아버지, 할머니를 모시고 삼촌들과 가족이 함께 지냈는데 위로 형 둘, 누나 둘이 있었고 그 후로 동생 둘이 더 태어났습니다. 가족들은 겨울에는 찬바람이 불고 추워서 드나들 때 최대한 빨리 방문을 여닫았습니다. 겨울이 지나 이듬해 3월이 되면서 기온이 올라갔고 그에 따라 방문을 여닫는 식구들의 속도가 차츰 느려져 갔습니다. 그럴 때마다 저는 방바닥에 누워서 고개를 옆으로 젖히고 방문이 열렸다 닫히는 사이에 밖을 쳐다보곤 했습니다. 마당에 풀 한 포기 보이지 않고 밖의 큰 나무의 가지들이 이파리 하나 없이 앙상했지만 그래도 그런 나무들조차 신기했고 바깥이 무척 신비스럽게 느껴졌습니다.

1955년 3월 중순이 되어 삼촌이 방문을 닫으며 급히 나가다 보니 세게 여닫아 방문이 문턱에 부딪혔다가 튕겨 나가 조금 열리게 되었고 방 안에는 저 혼자 있었습니다. 저는 이때다 싶어서 방문 쪽으로 막 기어가서 방문을 밀어 조금 더 열고 마루로 나가려고 하니 높이 3cm 정도 되는 문턱이 앞을 딱 가로막고 있었습니다. 이걸 넘어서 마루로 나가고 싶은데 넘어가기가 어려웠습니다. 두 팔로 일어서려니 힘이 부쳤습니다. 작년 6월에 태어나서 항상 누워있을 때는 몰랐는데 태어난 지 몇 개월 지나서 엎어지고 기어 다니다 간간이 보이는 바깥세상이 왜 이리 신비스러운지(신비롭다는 이 생각 때문에 다음에 혼자 등산을 참 많이 했습니다) 무조건 좋아 보여서 마루로 나가야 신비스러운 바깥 풍경을 더 자세히 볼 수 있다는 생각에 꼭 마루로 나가고 싶었습니다. 문턱이 낮았지만 아직 기어 다니는 저한테는 이 문턱이 밖으로 나가는데 있어서 마의 경계선이었습니다. 너무 어려서 문턱을 넘어설 수 없어서 '이 문턱을 넘어가야 하는데' 하면서, 어떻게 넘어갈까 고민하고 있는 그때 갑자기 '이런 건 전에는 그냥 걸어서 넘어갔는데' 하는 생각이 드는 순간과 동시에, 실제로 제가 성인으로서 문턱을 넘어가면서 바닥 쪽을 쳐다봐서 제 하반신과 큰 발이 보였습니다. 물론 순간적으로 보인 문턱은 지금 이 방의 문턱이 아니라 전혀 다른 집의 문턱이고 마루였습니다. 이 세상에 태어나서 아직은 기어 다니는 아기인데 제가 전에 언제 걸어서 이렇게 문턱을 넘어갔겠습니까. 그런데 이때는 제 뇌가 완전히 발달하지 못해 전생을 풀어낼 수가 없어서 아주 단편적인 이 한 가지만 떠올랐던 것입니다. 그래서 문턱을 넘으려다 말고 '내가 지금 아기인데 어른 때 문턱을 넘어갔다면 언제 넘어갔다는 말인가?' 하고 생각해보니 '아! 내가 전에 태어나 살다가 죽은 후 다시 태어났구나' 하는 생각이 들었습니다. 이것이 태어나서 처음으로 전생을 알게 된 것이고, 이것이 또 계속 전생들을 알아낼 수 있는 단초나 실마리가 되었던 것입니다. 설령 태어나서 전생을 많이 알고 있었다고 해도 태어난 지 아직 9개월밖에 안 되어 너무 어려서 뇌가 발달하지 못해 전생을 온전히 풀어낼 수 없었다고 봐야 할 겁니다. 이때는 문턱을 넘어가야 하는데 팔 힘이 부쳐서 못 넘어가 심각한 지경에 빠져 고민할 때 갑자기 문턱을 걸어서 넘어갔던 단편적인 장면이 떠오르듯 생각이 났던 것입니다. 방문 바로 밖이 마루로 되어 있어서 마루로 나가려고 기어 와서 문턱 바로 바깥쪽에 오른팔을 짚고 방 안쪽을 짚은 왼팔에 힘을 주면서 머리를 들고 나가려다가 머리가 너무 무거워서 두 팔의 힘이 빠짐과 동시에 그만 문턱에 이마를 세게 찧었습니다. 너무 아파서 오른손으로 이마를 훔치니 이마가 터져서 빨간 피가 나오고 있었습니다. 이 세상에 태어나서 처음으로 본 저의 피였습니다. '엉!' '엉!' 하고 큰 소리로 울었습니다. 마당에 있던 큰 누나가 어머니를 불러서 제 이마에서 피가 난다고 말해 어머니가 다가와 저를 안고 울지 말라고 달래며 젖을 먹였습니다. 저는 이때의 어머니 젖 맛을 지금도 기억합니다.

이 당시 집에 약이 없어서 다친 곳에 못 발라 열흘 후쯤 상처가 곪으니 몹시 근질거려서 긁었습니다. 곪은 상처는 다시 터져서 아팠고 저는 울었습니다. 그래서 누나가 제 두 손을 못 움직이게 잡고 어머니가 피고름을 짰습니다. 저는 너무 아파서 더 크게 울었고 어머니는 우는 제 입에 젖을 물려주었습니다. 이후로 제가 성장하면서 자연스레 전생들이 생각났지만 전생에서 태어나서 죽을 때까지 한 인생이 다 생각나는 게 아니라 매우 단편적으로 생각났습니다. 그래서 저는 어렸을 때부터 남들도 다들 저처럼 전생을 조금씩이나마 알고 있는 줄 알았습니다. 남들이 다 저 같은 줄 알았는데 성장하면서 누가 전생 이야기를 하나도 안 하니 저도 이야기한 일이 없었습니다. 남들이 전생을 모른다는 걸 제 나이 30대에 알게 되었습니다.

그런데 전생은 어느 누구나 다 있으며 현재가 지나면 과거가 되고, 죽었다가 다시 태어나면 현재도 전생이 됩니다. 그래서 지구에서는 선조, 조상 이런 말들이 결국 자기 자신을 가리켜서 하는 말일 수 있습니다. 바로 위로 몇 대까지의 선조들 외에 아주 오래된 선조들은 실제로는 그리 큰 의미가 없습니다. 즉 역사의 인물들은 곧 우리 자신이 될 수 있다는 말입니다. 인간들이 전생을 모르기 때문에 오래된 역사의 인물들을 현재 우리 자신과 다른 시선으로 보고 중요하게 여기게 되는 것입니다. 전생은 사람 따라서 중요할 수도 있지만 웬만해서는 그다지 중요하지 않습니다. 전생보다는 현재 그리고 미래가 더 중요합니다.

지구는 이상한 기운이 있습니다. 이 이상한 기운은 누구나 죽어서 다음에 새로 태어날 때 바로 앞 전생을 깨끗이 다 잊는다는 겁니다. 그래서 새로 태어나는 사람들은 전생에 친하게 알고 지냈던 사람들, 지식, 기술 등을 모두 잊고 태어나서 항상 새로 배우고 터득하며 성장해야 하므로 지구의 과학기술의 속도나 다른 것들의 발달 속도가 매우 느리다는 단점이 있습니다. 만일 전생에 체험했던 것들을 기억하고 있다면 지구의 과학기술이나 여러 가지가 멈춤이 없이 빠르게 계속 발달할 수 있을 것입니다. 그런데 인간은 아기가 태어나면 당연히 모든 걸 새로 시작하는 줄 압니다. 여기에 가장 큰 비밀이자 맹점이 있습니다. 이 이야기는 이 책의 「14. 하늘나라 천국의 진실」 편에서 밝힙니다.

2. 생체사리(生體舍利) - 신족통(神足通)

1986년(32세) 여름 어느 날.

약간은 무겁다 할 정도의 배낭을 짊어지고 지리산의 백무동에 도착했습니다. 이 당시는 산에 조그만 색을 메고 다니는 사람들이 드물었고 큰 배낭과 그 위에 텐트를 메고 다녔습니다. 저는 텐트는 안 가져갔는데 그래도 밥을 해 먹다 보니 배낭이 무거워서 산을 오를 때 아랫배에 힘주기가 쉬웠습니다. 올라갈 때 다리 근육이 힘들고 또 아랫배에다 힘을 강하게 주니 에너지도 더 쓰여서 산 오르는 게 더욱 힘들었습니다. 저는 등산할 때 특히 오르막을 오를 때는 항상 숨을 배꼽 아래까지 들이마셨다가 아랫배에 힘을 주곤 내쉬었습니다. 힘을 줄 때는 숨을 안 쉬는 게 아니라 코나 입으로 가늘고 길게 내뱉으며 힘을 주었습니다. 이렇게 해야 머릿속 실핏줄이 안 터집니다. 숨이 가쁠 때는 내쉬는 숨을 짧게 하였습니다. 그러니까 한 번에 숨을 많이 토해내는 거지요. 이날도 어느 산이나 오를 때 하던 그대로 똑같이 강한 복식호흡을 하면서 산을 올랐습니다.

지리산에서 백무동 코스를 타면 으레 하동바위를 지나 참샘에 도착해서 그곳의 물을 마시고 수통에도 가득 채우곤 하였습니다. 현재 참샘은 약수터로서 잘 정비되어 있지만 그 당시는 자연적인 환경이 강했습니다. 이곳 등산로로서는 첫 번째 힘든 코스가 참샘에서 소지봉까지의 오르막으로 여겨지는데, 참샘에서 배낭을 짊어지고 강력한 복식호흡을 하면서 소지봉에 도착하니 숨이 가빠 아무것도 생각할 겨를이 없이 땀만 줄줄 흘렀습니다. 두 다리의 허벅지 근육이 탱탱하고 힘이 빠져 더 이상 걸으려 해도 다리가 올라가지를 않아 잠시 가던 길을 멈추었습니다. 좀 쉬어야 살 것 같은데 배낭을 내려놓기도 귀찮아 그대로 등에 짊어진 채 두 발을 똑같이 11자형으로 벌리고 섰습니다. 허리와 무릎을 약간 구부린 자세로 숨을 크게 여러 번 몰아쉬다가 배꼽 아래에 밀어 넣는다는 식으로 아랫배에 아주 세게 숨을 몰아넣으며 힘이 나라고 올라오면서 하던 복식호흡보다도 훨씬 더 강한 복압을 주었습니다. 다른 때보다 훨씬 더 강력하게 한 것밖에 없었습니다. 그러나 얼굴과 머릿속에는 힘이 들어가지 않도록 가느다랗게 숨을 내쉬었습니다. 이것은 고혈압으로 인한 뇌의 핏줄이 순간적으로 터지는 걸 방지하기 위해서 복식호흡을 할 때는 항상 하단전에만 힘이 들어가도록 버릇이 들어있었기 때문입니다.

그 순간 두 다리에서 '탕' 소리도 아니고 '뚝' 소리도 아닌 그러나 '뚝' 소리에 조금 가깝다고 할 수 있는 큰 소리가 들렸습니다. 두 다리뼈가 동시에 모두 부러지는 듯 큰 소리가 났습니다. 순간 양발 허벅지에서 발바닥까지 일순간에 둥그런 구슬 같은 총알이 지나가듯이 무엇이 번개처럼 '쑥' 내려갔습니다. 뼈가 안 부러졌다면 최소한 아킬레스힘줄이라도 끊어졌겠지 했습니다. 가만히 있는 다리를 아랫배에 힘 한번 잘못 주어 이런 불상사가 생기다니 후회막급이었습니다.

'아! 큰일 났구나. 새벽잠 안 자가며 이곳까지 와서 이런 일이 생기다니…….'

'이곳에서 오르지도 내려가지도 못하면 어떻게 하나. 이제 큰일은 났구나.'

좋은 일이 생긴 게 아니라 불상사란 생각이 들고 달리 어떻게 할 수 있는 방법이 없었습니다. 그래서 그대로만 서 있을 뿐이었습니다. 그 자세 그대로 엉거주춤하게 서 있다 보니 빨리 결단을 내려야 할 것 같았습니다. 두 다리가 부러졌든지 무슨 일이 생겼다고 여기 이대로만 있으면 안 되게 생겼습니다. 많이 아프지만 않다면 새벽잠 못 자고 익산에서 여기까지 온 김에 좀 참고서라도 올라가든지 도저히 안 되게 생겼으면 빨리 내려가야겠다고 생각했습니다. 어렵게 이곳까지 와서 산을 못 오르고 돌아간다는 서운함 같은 건 아무것도 아니었습니다. 잘못하면 내려가기도 전에 해가 질 것이고 이 당시에는 이런 등산객을 구출하기 위한 119 산악구조대가 지리산에 없었고 휴대폰도 없었던 시절이어서 위험할 수 있었습니다.

'몇 발이라도 떼어봐서 정 안 되겠다 싶으면 네 발로 기어서라도 왔던 길 도로 내려가야지.'

이 자리에 이렇게 서 있어봐야 시간만 간다는 생각이 들었지만 땅에서 발을 떼기도 불안하였습니다. 발을 떼는 건 고사하고 발을 조금이라도 드는 것조차 겁났습니다. 크게 다쳤을까 봐 미리 걱정하는 것인데 몸을 꼼짝도 안 하고 그대로 서 있다 보니 더 이상 시간을 지체해선 안 되겠다는 생각이 들었습니다. 두 발이 부러졌다면 손전등이 있어도 밤이 되면 산짐승이 나타날 수 있어서 혼자서는 위험하니 해 지기 전에 버스 타는 곳까지 내려가야 한다는 생각에 압박감이 왔습니다. 그래서 맨 처음으로 할 수 있는 것이 발가락을 등산화 속에서 꼼지락꼼지락 움직여 보는 것이었습니다. '부러졌으면 어딘가 아프겠지' 하면서 움직여보니 이상하게 아픈 데가 한 군데도 없었습니다. 등산화 속이라 제 마음만 움직이고 발가락은 감각이 없어서 아픔을 못 느낄 수가 있나 싶어 발뒤꿈치를 살짝 들고 발목을 천천히 돌려 움직여보니 괜찮았습니다. 제가 지레 겁먹었나 싶어 부러질 것이 있으면 미리 부러지라고 이번에는 무릎과 허리를 천천히 돌려 봤더니 괜찮았습니다. 그런데 돌이켜 생각을 해보니 조금 전 현상을 겪을 때 '뚝' 소리가 나면서 '쑥' 하고 무엇이 내려갔어도 이상하게 아프지를 않았습니다. 이제 조금은 자신감이 생겨 걸음을 천천히 한 발 두 발 옮겨 보니 괜찮았습니다. 지금 이런 과정들이 쉬는 시간이 되었으나 사실 휴식한 건 몇 분도 안 지난 것 같았습니다. 그런데 쉰 시간에 비해서 두 다리가 산을 안 탄 것처럼 피로가 없어지고 아주 편했습니다. 금방 전까지는 두 다리의 허벅지가 탱탱해 조금도 움직일 수 없어 아랫배에 힘을 준 게 이렇게 되었는데 이젠 하늘을 날 것만 같았습니다. 차에서 내려 처음에 산을 오를 때보다도 두 다리가 더 편했습니다. 이상했습니다.

'산 오르는 게 이렇게 쉽다니…….'

그래서 두 다리가 탱탱해지는 게 하나도 없이 아주 쉽고 빠르게 천왕봉 정상까지 올라 하산은 다른 코스로 했는데, 다른 때보다도 피로는 훨씬 덜했다기보다도 피로감을 거의 못 느꼈다는 표현이 맞을 것 같습니다. 하산하면서도 이상하다는 생각이 수없이 많이 들었습니다. '뚝' 소리도 그렇고, 산 오를 때마다 힘들어서 수없이 느꼈던 허벅지 탱탱한 게 '뚝' 소리 이후에는 왜 하나도 탱탱하지 않았을까? 그래서 산을 이렇게 빨리 올랐다가 내려가는 게 생각할수록 신기하고 이상했습니다.

이날의 '뚝' 소리는 하체의 경락(經絡)이 크게 뚫린 경우인데, 이것은 하복부의 단전에서 두 다리로 통하는 경락의 문이 열리면서 커다란 둥근 쇠구슬 같은 기(氣) 덩어리가 아랫배의 두 군데에서 출발해 양쪽 허벅지를 통과해 발바닥까지 순식간에 타통(打通)되는 소리였습니다. 이 기 덩어리는 경락 통로의 직경보다 훨씬 더 큰 구슬이 그 통로를 순식간에 강제로 뚫고 지나갔기 때문에, 일시에 확장되어 뚫리면서 기의 압축된 단단한 덩어리가 두 발의 발바닥 중앙 부분의 용천혈(湧泉穴)을 뚫었고, 그 나머지 기는 발바닥 전체 발가락까지 퍼져서 여진으로 남았습니다. 이것은 극히 일순간에 일어난 일이므로 이때 경락이 타통되는 소리가 '뚝' 소리로 났던 것입니다. 이때 두 다리의 모든 경락과 경혈(經穴)이 일시에 뚫렸습니다. 그것은 너무나 순식간에 일어났던 일이고 아랫배에서부터 발바닥까지 너무 빠른 속도로 진행된 것이라 사실 두 다리의 경락이 '뻥' 뚫리는 것조차 느낄 수 없이 그냥 단순히 두 다리가 '뚝' 하고 부러진 것으로 알았습니다. 고요한 산속에서 나뭇가지 부러지는 소리도 아니고 제 몸 안에서 '뚝' 소리만 크게 들렸기 때문입니다. 이것이 바로 하체경락타통(下體經絡打通)입니다. 이것을 가리켜 신족통(神足通)이라 할 수도 있겠지만 이런 것이 옛날부터 전해져 내려오지 않기 때문에 즉, 어느 전설에도 없고 어느 책자에도 안 나와 있기 때문에 알 수가 없었습니다.

사실 하체경락타통을 하기 전에는 산을 오른다는 것이 무척 힘든 일이었습니다. 남들보다도 산을 훨씬 못 탔습니다. 그러나 열심히 다닌 후로 하체경락타통을 겪어 전보다 산 오르는 게 업그레이드되고 보니 산 오르는 게 재미있고, 육체적으로 신비한 체험을 했다는 게 혼자 속으로 여간 대견스러운 게 아니었습니다.

하체경락타통 시 아랫배의 하단전에서 두 발바닥의 주 경혈인

용천혈로 나온 기 덩어리는 몸속에서 나오는 일종의 생체사리(生體舍利)였습니다. 이것의 효과는 대단하였습니다. 하체경락타통을 했을 때는 산행 속도가 아주 빨랐습니다. 넓어진 경락을 통해 두 다리의 모든 세포 조직에 기를 충분히 제공해주니 피로를 몰랐습니다. 그러나 세월이 수년간 흐르면서 차츰 산행 속도가 느려졌습니다. 넓어졌던 경락이 다시 원상태로 되돌아가는 것이었습니다.

등산 시 하는 복식호흡은 명상과는 너무 달라서 고요하게 할 수가 없었습니다. 그래서 명상을 하려면 따로 시간을 내서 해야 했지 복식호흡과 병행해서는 할 수 없었습니다. 그렇지만 걸으면서도 최대한 명상 요법을 써먹기 위하여 노력했는데 그건 최대한 마음을 가라앉히며 걷는 것이었습니다. 사람은 잠자는 것 외에 눈뜨고 활동해야 하기 때문에 이것은 일상생활에서 제 자신에게 크게 도움이 되었습니다.

달리기를 하고 나서 복식호흡을 하면 강력한 복식호흡이 잘 안 되었습니다. 달리기하며 숨 쉴 때 사용되는 몸통 속 근육과 복식호흡할 때 사용되는 근육이 다르기 때문입니다.

하단전에 축적된 기는 자신의 인체 내에서 발생하는 여러 가지 현상의 주춧돌이자 기둥이 됩니다.

3. 이마의 눈

1988년 봄.

나뭇잎이 나뭇가지에서 나오기 전 금마 미륵산을 올랐습니다. 현재는 동쪽 성터의 돌들이 잘 쌓여 있지만 그 당시에는 동쪽 성터의 돌들이 무너져 여기저기 흩어져 있어서 지금보다 성 높이도 훨씬 낮았습니다. 혼자서 성터 쪽을 바라보고 있으니 직선으로 200m 정도 떨어진 산줄기 아래쪽에 어떤 두 사람이 올라오고 있었습니다. 두 사람이 일행 같았는데 거리가 멀어 아주 조그맣게 보였습니다. 그들은 제가 서 있는 정상의 뒤 봉우리를 향해 오르고 있었습니다. 그래서 혼자 진지하게 '어떻게 생긴 사람이 올라오는가 보자' 하고 쳐다보았습니다. 처음엔 눈에 초점을 맞추고 쳐다보았더니 조그맣게 보이는 것 외에 달라지는 게 없었습니다. 두 사람이 조금씩 움직이며 올라오는 것 같은데 나무와 산의 경사 때문에 보였다 안 보였다 할 뿐이었습니다. 이렇게 해선 못 보겠다 싶어 '눈으로 보지 말고 마음으로 보자' 하고 눈에서 힘을 빼고 초점 없이 올라오는 사람들을 멍하니 쳐다보고 있으니 이마의 윗부분에 갑자기 뭔가가 순간적으로 모여들었습니다. 그 순간 이번에는 모여든 것하고는 반대로 이마의 윗부분(상단전)에 지름 10cm 정도의 동그라미가 열리며(원 중심 부분이 가장 밝고 가장자리로 갈수록 약간 희미하고 어두우나 원 전체가 대체적으로 뚜렷이 보임) 고등학교 동창생 한 명의 얼굴이 원안에 순간적으로 떠올라 보였습니다. 마치 성능 좋은 망원경으로 그 사람의 얼굴을 보듯이 얼굴만 크고 환하게 떠올랐는데 이때 그 사람의 다른 부위는 보이지 않았습니다. 이때 그들은 산을 걸어 올라오고 있었는데 이파리는 없어도 나무들로 가려서 보였다 안 보였다 하였습니다. 얼굴이 보인 그 친구는 그때나 현재나 등산을 거의 안 다니고 평소에도 만나기 어려운 친구였습니다. 그래서 '정말 그 친구가 맞나 확인해보자' 하고 계속 기다렸더니 정말 그 친구가 제가 모르는 사람과 둘이서 일행으로 올라왔습니다. 그래서 제 생각만으로 목표물을 상상해서 본 게 아니라 거리가 멀어 제 눈으로는 보이지 않는 사람의 얼굴을 이마의 상단전으로 볼 수 있다는 걸 그때 확인했습니다. 이때 목격한 상단전은 인도에서는 제3의 눈 '차크라'라고 합니다.

저는 이때 제3의 눈이 뜨였지만 실제로 이후에 제3의 눈으로 보고 싶은 걸 아무 때나 의식적으로 볼 수는 없었습니다. 다음부터는 상단전으로 사람 얼굴을 보는 것이 아니라 누워 있다 보면 우주의 이상한 기운이 고요히 상단전으로 흘러 들어갈 때가 있었습니다. 제가 이 기운을 밖에서 안으로 빨아들이려고 노력도 하지 않았는데 이상한 기운이 스스로 알아서 들어간다는 것도 이해가 안 갑니다. 그리고 이런 일은 자주 생기는 것이 아니라 어쩌다 한 번씩 생기는데 어느 때는 미세한 소용돌이처럼 스치며 들어가고 또 어느 때는 살짝 함몰되듯이 들어가기도 합니다. 이때의 자세는 허리를 안 펴고 구부리고 있어도 이상한 기운이 들어가지만 누워있을 때도 꼿꼿이 펴고 있는 게 더 잘 느껴지는 것 같습니다. 이 자세는 명상하는 것과 비슷합니다.

4. 생명의 근원 - 신소립자(神素粒子)

“인간과 동물들은 뇌가 있기 때문에 생각할 수 있다고 치고, 뇌도 없는 인간의 영혼이나 신과 정령도 자각과 기억을 하는 능력이 있는데, 대관절 무엇이 자각과 기억을 하게 만든다고 신들은 생각합니까?”

“그걸 모르겠다. 우리 자신도 뇌가 없다고 생각하는데 머릿속에 무엇이 들어 있어서 어떻게 자각과 기억을 하게 되는지 궁금하다. 분명히 그렇게 만드는 주체가 있을 것인데 우리끼리 아무리 대화를 해봐도 통 알 수가 없구나.”

“인간들은 모두 각자의 영혼이 있다고 믿고 있는데 신들 자신도 영혼이 있다고 믿고 있습니까?”

“우리 신들은 죽으면 그걸로 끝이라고 믿고 있어서 영혼이 없다고 생각한다.”

“인간은 죽으면 육체에서 영혼이 나가서 하늘나라(저승)로 가는데 이때 주위에 있는 인간들이 인간의 영혼을 볼 수 없어서 영혼이 없다고 말하는 사람들도 있습니다. 신들도 죽으면 신들의 몸과 다른 물질인 영혼이 나와 다른 차원으로 가기 때문에 신들이 볼 수 없는 건 아닐까요?”

“글쎄다. 신들은 죽을 때 아주 높이 올라가 혼자서 죽기 때문에 임종을 어느 누구도 지켜보지 않아 그건 모르겠다.”

“인간도 부모, 형제와 다르게 어렸을 때부터 자신만이 좋아하는 음식, 과일, 채소, 옷, 색깔, 노래, 춤, 놀이 등이 있는데, 신들도 인간들처럼 그런 취미나 취향이 있습니까?”

"신들은 산속에 떨어져 지내는 경우가 많으므로 세상 돌아가는 것을 알고 싶어서 뉴스를 좋아하는 편이다. 신들마다 분야별로 관심이 다를 수도 있지만 나는 특히 지구의 화산 폭발과 지진 발생에 관심이 많다. 그리고 어떤 신들은 노래를 좋아하고, 어떤 신들은 그림을 좋아하고, 어떤 신들은 점쟁이, 무당이 춤추는 걸 좋아하는데 이런 신들은 아리랑 춤도 좋아한다. 그리고 인간들이 갖다 놓은 제물보다도 그 그릇의 디자인, 색상을 특히 좋아해서 제물 그릇을 좋아하는 신들도 있고, 먹지도 않으면서 제물의 어떤 음식이나 과일의 모양과 색깔 보기를 좋아하는 신들도 있다. 신들도 서로 같은 걸 좋아할 수도 있지만 서로 다른 점들이 훨씬 더 많다."

"신들이나 인간들이나 이 세상에 처음으로 태어났다면 보고 만지는 모든 게 다 신기할 뿐 개인 취향이 형성되기가 어렵지요. '세 살 적 버릇이 여든까지 간다'는 속담도 있지만 세 살 때까지 무엇을 얼마나 체험하고 그것에 익숙해져서 취향이 생기겠습니까. 그것은 곧 전생 버릇을 말하는 거지요. 전생들을 수도 없이 살아왔기 때문에 성격이 형성되어 있어서 취미, 좋아하는 과일, 좋아하는 음식 등이 어렸을 때부터 별도로 있는 것입니다. 이 모든 것의 주체는 우리 인류가 영혼이라고 생각하고 있는 것인데, 이것은 실제로는 영혼이 아닙니다. 인간이나 신들의 머릿속에서 이런 것들을 저장하고 기억하여 생각하고 지각과 자각을 할 수 있게 만드는 것들이 곧 제가 조어(造語)로 신(神)의 성품을 닮았다고 생각하여 신소립자(神素粒子, godquark)라고 명명한 것입니다. 살아생전에 겪은 일들이 모두 이 신소립자에 저장됩니다. 그리고 지구뿐만이 아니라 우주 전체의 인간형 생물체나 신이나 짐승 등 지각이 있는 모든 생명체는 이 신소립자가 뇌 속에 부착되어 태어납니다. 우주에서 이 신소립자는 생명의 기원이자 근원이지요. 인간은 전생의 습관이나 버릇이 세 살만 되어도 나타나서 '세 살 버릇 여든까지 간다'라고 하는데 그 점에 대하여 어떻게 생각합니까?"

"네 말에 일리가 있다. 네 말을 듣고 우리 신들도 다 고개를 끄덕인다. 우리 신들도 어렸을 때부터 형제끼리도 버릇이 서로 다르고 좋아하는 것이 서로 다르다는 걸 알다. 왜 그렇게 다른가를 그동안 서로 이야기해 봐도 전생이 기억 안 나서 모르니 모두들 전생이 없다고 전제를 하고 생각한다. 그러니 답이 나올 수가 없었다. 그래서 깊이 있게 생각을 안 해봤는데 네 말을 들으니 이해가 간다."

"신소립자는 지구를 뛰어넘어 은하계, 더 나아가 우주의 모든 생명체의 근원 물질로 극초소립자에 해당되는데 이것보다 작은 물질은 우주상에 거의 없고 이렇게 작은 존재의 능력이 너무 엄청나고 영원불멸로 이 우주 창조주가 최선을 다하여 만든 우주의 정수라고 생각됩니다.

왜 인간이나 신이나 성격이 다 다르고 개인 취향도 다 다르겠습니까. 이 생각의 주체가 제가 설명해드린 신소립자에 기인하기 때문입니다. 이 신소립자로 인해 다시 환생하게 되는데 인간이나 동물이나 윤회 과정은 자신이 선택한다든지 자신의 의지대로 할 수 없는 속성을 지니고 있기 때문에 다음 세상에 누가 무엇으로 태어난다는 걸 장담할 수 없습니다.

신소립자는 모든 생각과 기억을 할 수 있는 주체이며 우주에서 생명의 근원인 이 신소립자가 뇌 속에 들어가 신들도 다시 환생한다는 생각이 안 듭니까?"

"네 이야기를 들으면 네 말이 타당한데, 우리는 인간들 같은 뇌가 없기 때문에 평생 꿈을 한 번도 꾸지 못하듯 전생 기억 또한 풀어내기가 어렵다. 네 말대로 우리의 신소립자가 전생을 저장하고 있다고 해도 전생의 기억을 풀어내는 인간들 같은 뇌가 없기 때문에 알 수가 없어서 그런지, 지금까지 꿈이나 전생에 대하여 누가 이야기하는 신도 없고 서로 묻지도 않는다. 사실 물어보지도 않으니 누가 괜히 말할 리도 없고 또 신들은 인간들처럼 책이나 어떤 기록도 없어서 윤회에 대해서 잘 모른다. 신들은 인간들처럼 생활하지 않기 때문에 고정관념이 없어야 하는데, 너처럼 자신의 전생 이야기를 하면 신비하고 재미있게 듣기는 해도 쉽게 믿어지지 않는 걸로 보아 우리도 인간들 따라 고정관념이 생긴 것 같다."

"인간이나 신들께서도 모두 전생이 있고 이번 생에 죽게 되면 다음에 또 태어나게 됩니다. 이런 것은 뇌 속에 신소립자가 있기 때문에 가능한 일이지요. 만일 신소립자가 없다면 윤회가 없겠지만 이 신소립자는 우주 전체에 존재하기 때문에 다른 행성들의 생명체도 다들 윤회를 합니다. 신들이시어! 사실 전생이란 대단한 것이 못 되는 것 같습니다. 현재도 세월이 지나면 과거가 되고 죽었다가 다른 몸으로 새로 태어나면 이번 세상도 전생이 되는 것입니다. 인간은 미래가 중요합니다. 인간은 태어날 때마다 자신의 얼굴 색깔과 나라, 부모 등 모두 바뀌어질 수 있어서 어떠한 종류의 인종차별이라도 해선 절대 안 됩니다. 인종차별은 영적으로 낮은 수준인 사람들이나 짐승에서 올라온 지 얼마 안 되는 사람들이 행하는 짓입니다. 짐승도 무시하면 안 되는데 하물며 얼굴 색깔이 다르다고 인간끼리 무시하면 절대 안 되지요. 그리고 이것은 영적인 발달을 가장 저해하는 행위이지요. 신들께서는 어떻게 생각합니까?"

"우리도 인간의 미래와 영적인 발달이 가장 중요하다고 생각한다. 그런데 전생 문제는 좀 다르게 생각한다. 신들은 인간 뇌는 참 신비하다고 여기고 있었는데 네 말을 들어보면 역시 인간 뇌는 참 대단하구나. 그런데 인간들도 윤회를 안 믿는데, 우리도 네 윤회가 쉽게 믿어지지 않지만 그건 뇌가 없기 때문에 우리의 전생을 기억하기가 어려워서다. 하지만 인간 중에 너처럼 전생을 기억하는 사람이 있는 것처럼 우리 신들 중에서도 너처럼 전생을 기억하고 있는 특별한 신이 어디 있을 것이나 나도 지금까지 만나보지 못했다. 텔레비전에서 전생 이야기가 나오면 인간들이 참 이상한 이야기를 하는구나 하고 생각했었는데 너한테 자세한 내용들을 듣는구나. 신들은 인간처럼 책도 없고 공개 토론 같은 큰 집회도 없기 때문에 인간처럼 포괄적일 수 없어서 전생에 대하여 알 기회도 없다."

"전생이 없는 것 같습니까, 아니면 있는 것 같습니까?"

"네 이야기를 들어보면 전생이 있는 것 같은데, 우리 신들은 인간 같은 뇌가 없기 때문에 전생을 풀어내지 못해 생각나는 게 하나도 없으니 답변하기가 어렵구나. 하긴 인간들이 뇌가 있어도 전생을 안 믿는데 인간 같은 뇌가 없는 우리는 어쩌겠느냐. 전생 기억에는 뇌와 신소립자가 큰 역할을 하는 것 같다. 그리고 네가 들어갔다가 돌아온 다른 세계(다중우주, 평행우주)란 것도 우리는 물질적인 몸이 아니기 때문에 들어갈 수가 없어서 모른다. 그러다시피 어느 경우는 인간들이 뇌가 그대로 다 있어도 치매란 게

있어서 모든 걸 기억 못 하지 않느냐. 우리는 치매나 다른 병이 하나도 없지만 전생에 대해서 아무리 기억을 상기시키려 해도 기억이 나지를 않는다. 그래서 윤회도 없다고 생각한다.”

“신들끼리 얼굴이 다 다르고 성격도 다 다르다고 하셨지요. 그럼 그 성격이 어디에서 올까요?”

“그냥 서로 다르다고만 생각했지 어디에서 오는가는 생각을 안 해봤다. 우리는 만나면 성격이 서로 다른 것이 당연하다고 여겼다. 그런데 사실 생각해보면 이상한 일이다. ‘왜 다를까’ 하고 동료 신들과 상의를 해봐도 뾰족한 답이 없다. 그런데 신소립자에 대하여 너한테 설명을 들어보면 그럴 수도 있겠다 싶다. 그동안 전생들을 살아오면서 형성된 성격이라든지 먹지도 않지만 좋아하는 것들, 관심사가 다들 다른 것에 대하여 생각도 하고 상의도 많이 하지만 전생이 없다면 답이 안 나온다. 하지만 다들 전생이 기억나지 않는다고 하니 할 말이 없다.”

“인간들의 영혼은 영원불멸인데 이것은 인간의 머릿속에 있는 신소립자입니다. 이 신소립자가 우주상에서 제일 작은 입자 군에 속하지만 수많은 기억을 저장하고 있고 또 현재 상황도 저장하면서 사리 분별, 판단 등을 다 하고 있습니다. 이 신소립자를 알면 알수록 우주의 정수가 얼마나 훌륭하고 막강한지 말로써 이루 다 설명할 수 없습니다. 인간들은 자기 뇌 속에 박혀 있는 이 신소립자를 영혼이나 또 다른 신으로 알고 있기도 합니다. 이 신소립자야말로 인간 자신의 모든 것을 대변해주기 때문이지요. 물론 신들도 다 마찬가지고 우주상의 모든 생물체도 다 마찬가지입니다. 창조주가 이렇게 해놓을 때는 이 우주를 얼마나 오랫동안 공들여 이렇게 설계하고 만들었겠습니까. 이 우주는 항성, 행성, 혜성 등 물질도 중요하지만 만들기도 어려운 모든 생명체와 이 신소립자와의 관계는 우주의 창조주가 제작한 것 중 백미 중의 백미란 생각이 듭니다.

신들의 세계나 인간 세상이나 타고난 자가 어느 정도 연마하면 타고나지 않은 자가 열심히 연마해도 따라오기 힘듭니다. 그런데 열심히 연마한 자가 타고난 자를 따라갈 수 없다고 해서 절망할 필요는 하나도 없다고 봅니다. 타고나는 자는 전생에서 더 많이 연마했거든요. 그래서 신소립자가 그 기억을 저장해 이번 생에 태어나 발현되니 남들이 타고났다고 말하기도 하고 또 천재라고 말하기도 하지요."

1991년(37세) 2월 5일. 화요일.

제 평생 가장 크고 중요한 일을 이 나이에 겪었습니다. 오후 5시경, 퇴근하고 집에 돌아와 온종일 몸의 상태가 이상해 베개를 베고 누워서 쉬고 있는데 잠시 사이에 제 육체에서 마음과 마음씨가 모두 없어졌습니다. 그것이 순간적으로 느껴졌습니다. 그러면서 이날 저녁 저한테 발생한 것은 인위적(人爲的)으로는 도저히 흉내 낼 수 없는 절대 불가능한 초자연적(超自然的)인 현상이었습니다.

배꼽 아래 7~9cm 지점인 하단전 속에서 그동안 엄청난 복식호흡 훈련으로 압축되고 압축되었던 기의 덩어리가 압축을 이기지 못하고 폭발하여 하단전 아래 뒤쪽의 기의 통로로 나가 꼬리뼈(尾骨, 미골)를 통해 순식간에 척추를 타고 위로 올라와 목뼈인 경추를 통과해 머리뼈 속으로 엄청나게 밀어닥쳤습니다. 순간적으로 머리뼈 속에 공기처럼 기가 꽉 차서 압축이 되기 시작하니 그 압력에 밀려서 큰 뇌, 작은 뇌 할 것 없이 뇌들이 모두 머리 뒤쪽인 경추 쪽으로 오므라들었습니다. 이에 이마 안쪽이 공동이 되어 이 공동으로 하단전의 기들이 밀어닥쳐 가득 찼어도 계속 들어오니 다시 머릿속에서 기가 압축될 대로 압축되다가 더 이상 압축될 수가 없는 상태에 이르자 일부 기가 머리 가운데 정수리의 백회혈을 '펑' 뚫으며 밖으로 튀어나갔는데 그것도 병목현상으로 바로 막혀 나갈 수 없자 척추를 통해 계속 올라와 들어오는 기들로 인해 이마 안의 머리뼈 속이 압력이 높아지면서 고압력이 되어 더 이상 견딜 수 없자 '쾅!' 하는 거창한 폭발음 소리와 함께 대폭발을 일으켰기 때문에 저는 그 당시 우주가 대폭발한 것으로 알았습니다.

우주가 대폭발하는 '쾅' 소리와 동시에 '반짝' 한 점의 스파크가 발생하며 그 스파크의 힘으로 제가 초스피드로 떠올라 칠흑처럼 어두운 우주 한가운데에 우뚝 섰습니다. 이때 우주 한쪽에서 황소 울음소리가 평화로운 '음메에!' 하는 보통 울음소리가 아닌, 제 뇌리를 치는 거창하게 큰 단말마적인 '꿰액!' 하는 소리로 들렸는데 이 소리는 다른 짐승 소리나 다른 소리가 아닌 황소의 울음소리라는 걸 즉시 알 수 있었습니다. 그 소리를 들으며 저는 우주 공간에 홀로 서 있었습니다. 이때 별똥별(流星 유성)이 하늘에서 떨어져 내렸는데, 한꺼번에는 아니고 조금의 시차를 두고 두 개가 굉장히 빠른 속도로 지나갔습니다. 떨어질 때 별똥별 주변이 환하게 빛난다든지 긴 꼬리를 남기며 떨어지는 게 아니라, 그 별똥별 자체만 컴컴한 하늘에 약한 노란색으로 보이는 동그란 원형 모양이 사선으로 떨어져 내렸습니다. 그래서 저는 이 별똥별 때문에 더욱 제가 우주 공간에 서 있는 것으로 착각하였습니다. 이 별똥별은 사실 별똥별이 아니었습니다. 그러나 제가 밤하늘에서 보듯이 그렇게 보았기 때문에 순간적으로 별똥별로 착각을 했던 것입니다. 그 당시 제 머릿속을 통과한 이 두 개의 노란 별똥별은 태양에서 날아온 또 다른 종류의 극초소립자였습니다.

처음에 머리 가장 윗부분인 정수리 백회혈이 '펑' 하고 뚫리며 기가 튀어 나갔는데 뒤따라 올라오는 기들의 양이 너무 많으니 병목현상이 생겨 순식간에 막히고 그 대신 이마에서 '쾅' 하는 소리와 함께 이마뼈는 그대로 있는데 마치 커다란 구멍이 '뻥' 뚫린 것처럼 기가 이마 안에서 이마를 통해 밖으로 막 나갔습니다. 이때 나가는 이마의 구멍은 상단전이었습니다. 그때 제가 우주 공간에 떠서 나가는 기 입자들의 종류를 쳐다보고 있었습니다. 어느 정도 있으니 척추를 타고 들어오는 기들이 거의 다 나가자 머리 뒤쪽인 경추 쪽으로 오므라들었던 두개골 속의 뇌가 차츰 앞쪽으로 부풀어 오르며 제자리를 찾아가자 우주 공간에 떠 있던 저도 스스로 사라졌습니다. 그 이유는 대폭발 당시 뇌 속에서 스파크가 발생하며 떠올랐던 제가 다시 부풀어 오르는 뇌와 자동 도킹 되어 연결되었는데 도킹한 것은 제 육신이 아니라 제 영혼 자체였습니다. 그러나 그 당시에 우주 공간에 뜬 것은 영혼이 아니라 당연히 육체가 있는 제 자신인 줄 알았습니다.

영혼이 제자리로 들어가자 뇌와 연결되어 뇌가 생각하기 시작했고 그전까지는 영혼이 스스로 생각하고 판단했던 것입니다. 그리고 뇌로 생각을 시작하자 정신이 나서 몸을 일으키니 그때까지도 이마에서 기의 입자들이 바람처럼 나가서 저는 종이 한 장을 이마 앞 10cm 떨어진 곳에 대보니 종이가 빠르게 '펄럭펄럭' 하며 움직였습니다. 말이 기라고 하지 입으로 부는 공기와 같았습니다. 다음에 생각해보니 영혼이 우주 공간으로 떠올랐다고 생각한 것은 두개골 속의 뇌가 경추 쪽으로 오므라들었을 때 앞쪽 빈 공간으로 떠올랐던 것인데 영혼의 크기가 상대적으로 너무 작아 그 조그만 빈 공간을 우주 공간으로 착각했던 것입니다.

다음 날, 자고 일어나니 온몸이 불덩이였습니다. 그런데 이렇게 뜨거운데도 불구하고 몸의 상태는 무겁거나 이상하지도 않고 건강할 때와 다름없이 상쾌하고 가벼웠습니다. 머리가 무겁거나 두통이 있거나 하면 약국에 가서 약을 사 먹을 텐데 아무렇지도 않고 열만 높았습니다. 그런데 열만 높다는 것이 오히려 이상했습니다.

사흘이 경과하니 열이 조금은 남은 것 같아도 많이 내려 마음이 놓였습니다. 그래서 그때서야 아내에게 처음으로 이야기를 하니 아내가 체온을 재보라고 하여 보통 체온계와 아내가 사용 중인 임산부 체온계 두 개를 꺼내 입 양쪽 가에 하나씩 물고 측정했더니, 평상시 제 정상체온이 36.6°~ 7°인데 체온계 두 개가 똑같이 38.4°였습니다. 사건 후 3일간은 체온이 빨리 내려갔는데도 불구하고 이렇게 높았습니다. 그 후로는 정상체온이 가까워져서 그런지 아니면 몸속에서 알 수 없는 무엇을 회복하느라 그런지 체온이 매일 아주 천천히 내려갔습니다. 일주일이 지나니 열이 많이 식고, 열흘 정도 지나니 체온은 정상을 되찾았습니다. 이런 현상은 현대 의학으로 이해할 수가 없을 것입니다. 아무튼 몸은 한 군데도 아픈 데가 없고 어지럽지도 않은데 열만 높다니 도저히 믿기지 않는 일이었습니다.

지금까지 제가 말씀드린 영혼은 실제로 영혼이 아니라 하나의 핵(核)으로 된 극초소립자로 우주 근원적 물질 중 하나로 소립자 중에서도 아주 작은 부류에 속하는 것입니다. 그리고 이게 모든 걸 자각하고 생각하고 기억을 저장하고 눈으로 보고 귀로 듣는 것입니다. 전생의 일까지 기억하고 또 수많은 삶을 살아온 전생에서 좋아하던 일 • 음식 • 성품 등을 그대로 가져오고, 또 직접적인 눈과 귀일 수도 있으나 아니라고 하더라도 눈과 귀의 기능 역할을 할 수 있는 것이 이 신소립자에 있어서 별똥별도 직접 보고 우주 폭발 소리 같은 머릿속 폭발 소리 또 황소 울음소리도 들었으니 이것이야말로 우주 생명체의 기원이고 근원입니다. 이렇게 신소립자가 보고 듣고 생각할 때 뇌는 아무것도 듣지도 보지도 못하고 생각 자체도 못 했습니다. 저는 영혼을 나타내는 이 극초소립자가 신(神)과 같은 성품을 지니고 있다고 생각해서 소립자 앞에 '신' 자를 붙여 **신소립자(神素粒子, godquark)**라고 제 스스로 조어(造語)했습니다. 이 신소립자는 모든 생명체가 다 하나씩 갖고 있어서 제각기 자각, 판단, 기억 등을 하게 되는 겁니다. 그래서 모든 생명체는 그 자체로 완벽하다고 볼 수 있으며 저는 식물도 신소립자로 인하여 느끼는 감각이 있다고 생각합니다.

신소립자는 사실 영혼 역할을 하는 '영원불멸의 영적인 자각의 씨앗'이라는 표현이 더 잘 어울릴 것 같습니다. 이 신소립자로 인해 모든 생명체가 다 윤회를 하게 되는 것이고 전생이나 기타 모든 기억들이 이 신소립자 속에 저장되고 자각(自覺)을 하게 되니 이 우주 창조주의 능력이야 말로 이루 다 말할 수가 없습니다. 이 신소립자는 너무 작아서 소립자 앞에 극초(極超)

자를 붙여야 할 텐데 극초소립자나 다른 어떤 이름으로 불린다고 해도 별 의미가 없게 생각되어 그냥 신(神)자만 붙여 신소립자라고 했던 것입니다. 이것은 우주 전체 생명체들의 근원으로 생명체의 존재 그 자체라고 할 수 있습니다. 우주상에서 가장 작은 물질에 속해 우리 인류가 볼 수 없고 알 수 없기에 비물질이라고 하는 표현이 맞을 것도 같습니다. 또 그렇게 작은 비물질이 모든 걸 자각, 기억하는 걸 보면 말로 다 표현할 수 없는 이 신소립자를 탄생시킨 우주의 창조주는 우주 자신에 대하여 무엇을 생각하고 어떻게 프로그램을 짜고 또 어떻게 진행하고 있을지 한 마디로 불가사의(不可思議)한 일입니다.(책명 『인간과 하늘의 비밀』, 도서출판 흔맘, 2009.9.9. 출판. 발췌하여 신께 설명해드림)

"생명체의 뇌 속에 들어있는 이 신소립자를 이해합니까?"

"신소립자는 우리가 모르는 말인데 너한테 처음 들어보는 말이라서 생소했다. 그래도 너한테 여러 번 들으니 신들도 신소립자를 이해는 하는데 그래도 좀 어렵다고 한다. 신소립자는 하늘의 궁극적인 핵심이기에 하늘 외에 누구도 알 수 없는데 네가 몸소 체험을 했다니. 인간들은 뇌 속에 모두 하나씩 갖고 있어도 모두 모르지 않느냐. 창조주가 아무도 알 수 없게끔 해 놓은 걸 누가 직접 체험해서 안다고 해봐라. 창조주조차 깜짝 놀랄 것이다. 여하튼 이것의 능력은 인간이나 다른 생명의 본질 그 자체로 존재성을 나타내니 얼마나 대단한 것이냐. 생명 존재의 근원이 신소립자라는 건 처음 알았고 그 자체를 말로 다 할 수가 없을 것 같구나. 그리고 너도 우리한테 처음 듣는 이야기들

이 많았겠지만 우리도 백오십 년 이상을 살아오면서 지금까지 많은 사람들한테 별의별 이야기를 다 들어보았으나 그저 그런 이야기들뿐이었다. 그런데 너한테만은 처음 듣는 이야기들이 많구나. 그래도 그중에 이 우주상에 신소립자보다 더 중요한 건 없을 것 같다."

- 나의 견해(私見) -

지구상에 코끼리나 고래 등이 저주파(低周波)를 몸에서 내보내 멀리 떨어진 종족 간에 연락도 하고 대화도 한다고 합니다. 물론 이 저주파는 인간이 들을 수 없습니다. 그런데 인간의 머릿속에서 기가 압축되다가 폭발할 때 나오는 저주파 음은 이런 동물들의 저주파 음과는 비교조차 할 수 없게 낮아서 극초저주파라고 할 수 있을 겁니다. 이 극초저주파 음은 맑고 맑은 차원 속으로 들어가 퍼져가니 이 차원 관리자는 알게 될 겁니다. 그리고 창조주가 우주를 창조할 때 모든 생명체의 뇌에 신소립자를 부착시켜 몸과 정신을 모두 관리하도록 창조해놓고 어느 누구도 그걸 알아낼 수 없게 해놓았는데 인간으로서 도저히 알 수 없는 하늘의 가장 중요한 비밀을 알아내는 유일한 방법이 바로 하단전에 기를 강력하게 축적해 머릿속에서 폭발하게 하는 겁니다. 그런데 제가 이렇게 강력하게 복식호흡을 하게 된 동기는 어렸을 때부터 '하단전에 강력하게 기를 압축시키면 무엇이 어떻게 폭발하는데' 하고 어렴풋이 알고 있었기 때문에 그렇게 폭발시키기 위하여 강력한 복식호흡을 힘들게 오랜 세월 해왔던 것입니다. 그런데 이번 세상에 태어나 위에서 말한 과정들 극히 일부와 폭발한다는 것까지는 생각이 났으나 그 폭발이 머릿속인가 하단전인가 아니면 또 다른 어디인가 기억이 확실하게 나지 않아 알 수가 없었습니다. 저는 언제인가는 확실히 모르지만 아주 먼 전생에서도 이번 생처럼 하단전과 머릿속에서 폭발을 일으켜 깜짝 놀라서 그 일부가 앙금처럼 기억되고 있는 것 같았습니다.

인간의 본성을 맹자는 성선설, 순자는 성악설로 구분했지만 인간 본성의 근원인 신소립자(神素粒子, godquark)는 근본적으로 선과 악이 없으며 옳고 그름도 또한 없습니다. 물론 추함과 아름다움도 없으니 호불호도 당연히 없습니다. 그리고 남녀(암수)의 구별도 없으며 나이도 없습니다. 그러나 인간이 태어나 머릿속에 존재하는 영혼인 이 신소립자와 뇌가 부합하여 나오는 취향과 견해로 표현되는 걸 가리자면 인간의 본성을 그렇게 성선설과 성악설로 구분할 수도 있을 겁니다. 실제 발생했던 선한 일들과 악한 일들을 예로 들면서 성선설과 성악설로 설명하면 다 일리가 있습니다. 그런 것은 그때그때 상황에 따라 선하게도 또 악하게도 작용하고 또 그렇게 흐를 수도 있으므로 인간은 어떤 경우에도 선하게 언행을 할 수 있도록 자신을 제어하며 노력해야 합니다. 부단한 노력만이 모든 걸 자기가 원하는 대로 지키고 지향할 수 있습니다. 이것은 유전자로 이루어진 우리 자신이 주위의 어려운 상황들과 맞물릴 수도 있기 때문입니다. 그래서 때로는 판단이 흐려지고 견해나 취향마저 달라질 수 있습니다. 유전자는 그리 단순하지 않으며 우러나오는 생명력에 편승하여 항상 살아남는 방향으로 나아가려고 하고 또 그렇게 선택하니 이 점을 주의해야 합니다.

5. 이마의 태양

1995년 초여름 어느 날.

익산시 모 산악회에서 청옥산 · 두타산을 등산 간 일이 있었습니다. 청옥산(표고 1256m) · 두타산(표고 1353m)은 강원도 동해시와 삼척시에 걸쳐 있습니다. 그곳까지는 전북 익산시에서 몇 시간이 걸렸습니다. 그 당시에 산악회에서는 장거리 산행을 할 때 주로 전날 밤늦게 출발하여 다음 날 새벽 산 입구에 도착하여 간단히 요기를 하고 이마 전등이나 손전등을 켜고 등산하는 게 유행이었습니다. 말하자면 무박 2일 등산코스였습니다.

일요일 새벽 등산이어서 토요일 밤늦게 출발하는데 우리를 태우고 갈 버스가 등산객 수가 적은 탓인지 소형 버스가 왔습니다. 그런데 그 버스는 의자가 그 당시에도 앉기 편하게 뒤로 약간 기울어진 좌석들을 다른 버스들이 보유하고 있었는데 반해 90도 수직으로 반듯이 서 있는 구식 좌석을 보유하고 있었습니다. 남들은 불편해하였지만 저는 불편한 점을 이용해서 강한 복식호흡을 했습니다. 사실 의자가 뒤로 젖혀지면 쉴 때는 편한데 허리가 뒤로 펴져서 강한 복식호흡은 할 수 없는 단점이 있습니다. 저는 의자에 앉아 허리를 약간 굽히고 강한 복식호흡을 2시간 가까이 했습니다. 하다가 복근의 힘이 빠지면 좀 쉬었다가 하고 숨이 가쁘면 숨을 고른 뒤에 했습니다. 이제 배도 고프고 복근의 힘도 빠져 더 이상하기가 어려웠습니다. 하단전에 들어있는 기가 압축이 강하게 많이 되었습니다. 하단전을 압축하는 배 속 근육들이 뻐근한 걸 느꼈습니다. 주변을 돌아보니 남들은 이미

다 잠자고 있었습니다.

몸을 좌석에 맞춰 수직으로 곧추세운 뒤 머리도 세웠습니다. 머리 가장 위를 천장에 가장 가깝게 한다는 식으로 턱은 약간 가슴 쪽으로 당겼습니다. 그리고 잠자려고 노력하기 위하여 눈을 감았을 뿐이지 모습은 완전한 명상 자세였습니다. 한참 후 잠들지는 않고 마음이 깊은 수면 상태로 내려가자 갑자기 아랫배 단전 속에서 무엇이 '꿈틀꿈틀' 하였습니다. 힘이 굉장히 강한 미꾸라지가 용트림하는 것 같았는데, 미꾸라지라고 제가 말하는 것은 그 길이만큼 꿈틀거리는 본체가 짧았기 때문이고, 어렸을 적 논에서 두 손으로 미꾸라지를 잡은 일이 있었는데, 제 조그만 손바닥 안에서 꿈틀거리는 그 기분이 지금도 남아 있는데 마치 그때처럼 꿈틀거리는 것 같아서였습니다. 미꾸라지가 아니라면 미꾸라지만 한 강한 용수철이 자동으로 이리저리 휘청거리는 것 같았습니다.

배꼽 아래 하단전에서 꿈틀거림이 끝나는 순간, 곧추세워진 머리의 이마 부위가 뜨거워지면서 차츰 여명이 생겨 밝아오더니 결국 휘황찬란한 태양이 떠올랐습니다. 그런데 태양이 아래나 위에서 올라오든지 내려오는 게 아니라 멀리서 조그맣게 나타난 태양이 서서히 커지는 듯싶더니 금방 커져서 하늘을 거의 다 덮었습니다. 즉 하늘에 여백의 공간도 거의 없이 빨간 태양 하나만 있었습니다.

'휘황찬란한 빨간 태양!' 그러나 태양 자체가 뜨거운 건 아니었습니다. 태양이 나타나는 순간에는 뜨겁게 생각되었는데 그건 고정관념이었고 막상 태양이 나타나니 그 태양은 선명한 빨강을 지닌 채 환하게 빛나고 있었으나 눈으로 쳐다보고 있는데도 지구를 비추는 실제의 태양처럼 눈이 부시지도 않았고 뜨겁지도 않았습니다. 그리고 하늘에 떠 있으면 태양 주위에 하늘이 보여야 하는데 이 태양은 주변에 하늘이 거의 없었습니다. 오로지 새빨갛고 환하게 빛나는 태양만 크고 동그랗게 존재했습니다.

계속 태양을 바라보며 있노라니 차츰 이상한 생각이 미세하게 드는데 이것은 이마 속의 태양 같았습니다. 태양이 중천에 떠 있음에도 불구하고 뜨겁지 않았습니다. 그러니 이 태양으로 인해 이마 속에서 열이 발생한 것도 아니었습니다. 이마 속은 뜨겁지는 않고 온화하였으며 한편으론 시원하게도 느껴졌습니다. 이 모든 걸 머리뼈 속에 있는 뇌가 생각하고 기억하는 게 아니었습니다. 왜냐하면 뇌로 태양을 재보고 생각해보려 하면 태양이 소멸되기 시작하고, 뇌의 작동을 멈추면 태양이 다시 나타나 이마에 박히고, 머리가 앞이나 뒤로 약간 기울어, 기운다는 생각이 생기면 그와 동시에 태양이 사라지려 하고, 다시 곧추세우면서 아무 생각도 안 하면 다시 휘황찬란한 태양이 떠오르고, '아! 아! 이 얼마나 재미있고 황홀한 일인가!' 저는 연이어 계속 그 일을 즐겼습니다. 저는 달리는 차 속에서 현재 초명상에 들어가 있었던 것입니다. 이때 얼굴을 약간 앞이나 뒤로 기울이면 태양이 없어지는 이유가 그때마다 머리가 기운다는 생각을 뇌가 하면서 초명상이 깨지기 때문이었습니다. 어쨌든 생각이 조금이라도 생긴다든지 조금만 자세에 빈틈만 생기면 태양은 사라졌습니다. 잠든 것과 상태는 동일하나 잠들지 않고 아무 생각이 없어야 태양이 존재했습니다. 이게 바로 하단전의 압력을 강력하게 높인 후에 나타나는 초명상의 진실입니다. 이 현상이 발생하기 위해서는 하단전이 용트림을 먼저 해줘야 했고, 머릿속은 잠을 자지는 않으나 깊은 잠의 상태에 들어가 있는 초명상의 상태를 유지해야 합니다. 그리고 마지막으로 자세가 우리나라의 활처럼 허리는 앞으로 쑥 들어가고 등과 엉덩이는 뒤로 나와야 좋으며 얼굴은 곧바로 세워야 합니다. 저는 이때 이마 속에서 발생하는 태양으로 미루어, 이 이마 속의 위치가 바로 상단전이란 걸 알게 되었습니다. 상단전이 이런 기능을 할 수 있다니. 참으로 놀랄 수밖에.

상단전은 이마의 약간 윗부분에 있는데 이 이마의 윗부분 속에 어른 손가락 한 개의 한 마디 정도가 들어갈 수 있는 크기의 공동이 있습니다. 즉, 해부학적으로 보면 두개골 속의 대뇌가 있는 앞부분에서 좌뇌와 우뇌로 갈라지는데 그 사이에 공동이 있으며 그 공동은 자신의 손가락 한 개의 한 마디가 거의 들어가는 크기입니다. 이 공동은 이마 약간 윗부분에 있어서 이 지점이야말로 기가 많이 모이는 방을 의미하고 상단전의 중심이요 원천이라 할 수 있습니다. 우리가 통상 상단전이라고 하는 것은 이 공동으로부터 기가 이마의 머리뼈를 뚫고 나오는 부분을 지칭하는 것으로 이마의 약간 윗부분에 해당됩니다. 이 공동에서 이마뼈를 통해 밖으로 나올 때는 마치 공동에서 이마뼈를 향해 손전등을 비춘다면 빛이 확산되듯이 기가 확산되며 이마뼈에 닿기 때문에 인체 밖에서 볼 때 상단전이 손가락 한 개의 한 마디가 거의 들어갈 공동보다 훨씬 넓은 범위를 차지합니다. 이곳이 태양이 들어와 박히는 그런 일도 하다니 신비로웠습니다. 그런데 여기에 더 큰 문제가 있었습니다. 두 눈은 이마의 아래에 있고 눈꺼풀이 닫혀 감겨 있었는데, 머리뼈 속에서 밝아오는 찬란한 태양을 본 것은 또 어떤 눈이란 말인가?

머리뼈 속에서 밝아오는 찬란한 태양을 본 것은 우리 얼굴의 눈도 아니고, 뇌신경도 아닙니다. 그것은 우리 뇌 속에 존재하는 영혼이었습니다. 이것은 정확히 말하면, 두개골 속에 있는 영원불멸의 실체인 신소립자(神素粒子)입니다. 이 신소립자가 인간의 머릿속에 들어있지만 영혼체의 머릿속에도 들어있는 것입니다. 이 말은 우리 얼굴 속에 또 우리 얼굴과 닮은 영혼체가 들어있는 것이니 영혼체가 직접 이마의 태양을 보았다고 할 수 있지요. 그리고 뇌가 생각을 하면 태양이 소멸되므로 반대로 태양이 있을 때는 영혼(신소립자)이 태양을 바라보고 그 기억을 저장하고 있었습니다. 이런 현상과 결과는 인간들 모두가 갖추고 있어 할 수 있으면서도 이런 기회가 없으면 진정으로 알 수 없는 일입니다.(책명 『인간과 하늘의 비밀』, 도서출판 훈맘, 2009.9.9. 출판. 발췌하여 신께 설명해드림)

"제가 말씀드린 게 인간들의 기로만 생긴 일이거든요. 인간들 기도 이런 작용을 하는데 신들도 명상 시에 이런 일이 발생합니까?"

"명상 시 네 이마 약간 윗부분에 빨간 태양이 떠오르는 것은 하단전에 압축된 기가 뇌의 공동에 어떤 영향을 주어 그렇게 보이는 것 같다. 그리고 생각을 하면 사라지고 무아지경이 되어야 나타나는 건 인간 신경의 어떤 작용인지 왜 그런지 이해하기가 어렵구나. 신들은 단전도 없고 머릿속에 인간 같은 뇌나 신경이나 몸에 흐르는 기도 없어서 명상할 때 너처럼 그런 현상이 발생하지 않는다."

6. 명상의 한계점을 넘어서

"인간도 신들이 하는 명상을 할 수 있을까요?"

"할 수 없다. 인간은 뇌가 있기 때문에 명상에 한계가 있다. 그래서 신과 다를 수밖에 없다."

2005년 4월 17일 일요일 새벽 2시경.

응접실 한쪽에 선 채로 블라인드 가로 커튼이 쳐져 있는 창밖을 내다보았습니다. 커튼과 저와의 거리는 2m 정도 떨어져 있었고, 형광등은 머리 위 오른쪽으로 1m 50cm 정도 떨어져 있었습니다. 응접실은 환했고, 창밖의 바닥은 아파트 주차장이고 건너편에는 아파트 옆 동 건물이 서 있었는데 단 몇 가구에서 창문 밖으로 불빛이 새어 나올 뿐 밖은 대체로 어두웠습니다. 두 발을 어깨 넓이만큼 벌리고 두 주먹은 가볍게 쥐고 편하게 차렷 자세로 서 있었습니다. 어깨는 힘을 빼고 얼굴은 바닥과 수직으로 서서 가볍게 턱을 가슴 쪽으로 살짝 당기고 등과 허리는 활처럼 휘어져 있었습니다. 그리고 창문 안에 가로로 처져 있는 커튼들 사이로 창밖 건너편의 어두운 아파트 건물 외벽을 쳐다보고 있었습니다. 그러다가 창밖의 경치는 눈에 보여도 초점을 안 맞추고 그 대신 '음(陰)의 세계의 게시판'을 보자 하고 서 있었습니다. 음의 세계의 게시판이란 제 딴엔 우리가 존재하는 세상이 아니라 다른 세상 즉, 다른 차원이나 혹은 창조주가 사용하는 게시판이 있다면, 그 차원 게시판에 창조주가 무슨 글자를 써 놓았을까? 글자가 있다면 내심 읽어보자 하고 서 있었던 것입니다. 만일 차원 게시판이 안 보이면 다른 차원이 있을 수도 있으니 그럼 다른 차원이라도 보자 하고 계속 서 있었습니다. 이 다른 차원 게시판은 몇 년 전에 잠자려고 누워있으면서 깊은 수면(명상) 상태에 내려가 있을 때 '이 우주 전체의 물리를 하나의 수학 공식으로 표현할 수 있을 텐데' 하고 생각하니 중고교 교실의 칠판만 한 크기의 칠판이 뒤에 벽도 없이 다른 차원에 떠 있고 그 칠판 처음부터 끝까지 전면(前面)에 공식 하나가 길게 쓰여 있는데 그 공식과 위, 아래에 어떤 기호들이 들어가 있었고 그 기호는 현재 지구상에 없는 기호들도 있었습니다. 제가 현재 수학자가 아니라서 너무 복잡해서 외울 수가 없었습니다. 그런 칠판을 본 일이 있었기에 이번에도 그와 같다든지 또는 그와 유사한 칠판이라도 보고 싶었습니다. 그래서 앉아서 하는 명상처럼 선 채로 명상에 들어가게 되었습니다.

조금 후, 머릿속이 아무 생각이 없으며 시원하고 상쾌해졌습니다. 이때 마음이 가슴에서 아랫배(하단전) 밑바닥으로 내려가니 온 마음이 송두리째 다 밑바닥에 가라앉은 것 같았습니다. 가라앉을 때 그리고 가라앉았을 때의 느낌은 영혼이 느낄 뿐 뇌로 생각할 수가 없었습니다. 제 자신이 서 있는지 누워있는지 그런 것은 아예 느낄 수조차 없었습니다. 이렇게 온 마음이 송두리째 너무 깊이 가라앉아 두 번 다시 떠오를 수 없을 것 같은 상황이라 마치 그 상태 그대로 죽는 것 같은 순간이지만 이것도 제대로 느낄 수 없이 아주 미미한 느낌 같은 게 왔습니다. 이대로 죽을 것 같다는 것을 알았으니 살기 위해서라도 방어적으로 다시 정신을 차린다든지 또는 마음이 깊은 곳으로부터 다시 위로 떠오르든지 해야 하는데 이미 제 능력으로는 그럴 수도 없었고 또 그런 일이 전혀 발생하지도 않았습니다. 그만큼 마음은 아주 깊이 가라앉아 이미 제가 마음을 부릴 수 있다든지 제어할 수 있는 능력과 한계를 벗어나 있었습니다. 인간의 뇌로서는 어림도 없는지 다른 차원이나 차원 게시판은 전혀 보이지 않았습니다. 그래서 포기하고 체념하면서 어머니 배 속보다도 더 이전의 우주의 본심으로 돌아가고픈 느낌을 가졌습니다. 그래서 앉아서 명상을 하듯이 선 채로 명상을 계속하였는데 실제로 그렇게 할 수밖에 없었던 이유가 그 상태에서 제 피상적인 능력을 나타내는 유전자의 힘으로 빠져나올 수가 없었습니다. 이미 제 능력 밖에 존재하니 존재할 뿐으로 그렇게 남아 있었습니다.

우주 창조주가 뭐라고 써놓았나 글을 찾아 읽어보려고 애썼으나 허사였고 마음은 계속 가라앉았습니다. 그렇게 마음이 가라앉고 또 가라앉고 하다가 갑자기 머리 정수리의 어느 구멍(백회혈)이 열리는 듯하며, 우주의 기운이 제 머릿속의 기운과 아주 가느다랗고 짧게 소통했습니다. 정확히 드나드는 기운의 양은 미미하지만 무엇이 소통하는구나 하고 느껴졌습니다.

평소에 명상이나 복식호흡을 하면 이마 왼쪽 위 부위에 힘이 들어갔습니다. 이것은 핏줄이 아니고 기가 모이는 현상(장소)인데, 얼굴에 힘을 준다든지 그곳에 기를 모이게끔 의식한다고 해서 마음대로 그런 일이 생기지는 않았습니다. 그냥 열심히 강한 복식호흡을 하다 보면 어쩌다 그곳에 기가 모이고 그럼 그곳에 힘이 가득 찬 것처럼 느껴졌습니다. 특히 하단전에 천천히 힘을 가해 압축하다 보면 그런 일이 잘 생겼습니다. 그 지점을 평소에 잘 알고 있었는데 이때 그 지점인 이마 왼쪽 윗부분에 힘이 들어가더니 갑자기 가느다랗고 아주 조그마한 것이 조금 꿈틀하는 듯싶더니 금방 2~3cm 정도 멸치 크기가 되어 꿈틀거리기 시작하였고, 꿈틀거리는 범위가 막 커지면서 바로 5~6cm만 한 힘 좋은 미꾸라지가 되어 꿈틀꿈틀 거침없이 움직이기 시작했습니다. 그러더니 그 자리에서 머물지 않고 차츰 커지기 시작하더니 커다란 미꾸라지 크기 정도가 되어 이마 왼쪽에서 오른쪽 방향으로 범위가 넓어져 가는 듯싶더니 이내 사라졌습니다. 그리고 갑자기 왼쪽 이마 위에서, 처음에 무언가가 꿈틀거린 곳에서부터 이마의 피부나 살이 아니라 두텁게 이마의 뼈까지 함께 한 번에 누가 열어젖히는 것처럼 벗겨지기 시작했습니다. 이마 껍질 전체가 두텁게 벗겨지는 것이라 이마가 열어진다로 표현해야 맞을 것 같습니다. 이곳이 열린다는 것은 상상조차 못 해봤습니다. 그런데 그 부위가 서서히 열리고 있었습니다. 왼쪽 눈썹 끝부분 약간 위에서부터 시작하여 수직으로 올라가 5cm 위 높이 정도인 왼쪽 이마까지 그리고 너비는 옆으로 쭈욱 오른쪽으로 그것도 우측 눈썹 끝부분 약간 위에서부터 수직으로 5cm 위 높이 정도인 오른쪽 이마까지 직사각형으로 이마 껍데기, 즉 이마뼈를 포함하여 덮고 있는 모든 살 조직이 모두 한꺼번에 송두리째 열리며 벗겨지고 있었습니다. 벗겨지는 순서는 왼쪽 이마에서 시작하여 오른쪽 이마로 가면서 위에서 말한 넓이로 서서히 벗겨졌습니다. 한편으로 이러다가 머릿속의 뇌가 활짝 열린 이마를 통하여 밖으로 흘러나가지 않을까 우려했지만 그건 기우였습니다. 실제로는 벗겨진 게 아무것도 없을 텐데 어떻게 무엇이 이렇게 이마 전체를 다 벗겨지는 것처럼 만들어 이마 전체에 뼈도 없는 것처럼 두 눈이 아니라 이마 전체를 통해 밖이 환히 보이기 시작했습니다. 이마가 왼쪽에서 오른쪽으로 서서히 벗겨지면서 하나도 안 아프고 약간 시원한 것처럼 느껴졌지만 사실 시원한 것도 아니었고, 벗겨지면서 투명해지니까 시원하게 보이고 그렇게 느껴졌던 것입니다. 처음에는 창문 밖의 풍경이 두 눈으로 보는 것보다 훨씬 더 투명하게 보여서 이상했지만 시간이 갈수록 두 눈으로 보는 시각적인 능력은 사그라들었는지 이마로만 투명하게 완전히 바깥이 다 보였습니다. 그런데 이마를 통해 보는 바깥의 물체는 평소에 두 눈으로 보는 것보다 아주 맑아 이상했고 또 별도로 두 눈을 잠시 동안 떴다 감았다 해보다가 두 눈이 필요 없이 이마로 밖이 더 잘 보이는 걸 알고는 두 눈을 뜨고 보고 있었지만 이마로 보는 것과 물체들의 위치가 아주 미세하게 약간 다르면서 이마보다 흐려서 잘 안 보였습니다.

이마의 뼈가 다 벗겨졌다고 느낀 순간 척추 위 뒤통수 아래쪽에서 둥그런 생기(生氣) 덩어리 한 개가 '쑤욱' 빠져나왔습니다. 이 생기 덩어리는 원형 구슬 모양인데 살아있는 생기 방울로 물방울이나 공기 방울도 아니었습니다. 직경 2cm만 한 크기로 맑고 투명한 원형 구슬이었습니다. 이 생기 방울은 고체처럼 단단하지 않고 탄력이 있는 것처럼 느껴지는 비물질로 원형에서 다른 모양으로 변형되지도 않고 계속 원형을 유지하며 서서히 아래쪽으로 내려가기 시작했습니다. 뇌의 생각은 이미 멈추었고 이 생기 방울은 뒤통수 아래쪽에서 빠져나오면서부터 자체적으로 생각을 하면서 가라앉았습니다. 떨어지는 게 아니라 내려간다고 표현하는 이유는 생기 방울이 밑으로 떨어지는 것은 사실이나 현실 세계에서 물질이 공기의 저항을 받으며 떨어지는 것보다는 그런 저항이 없음에도 불구하고 속도가 아주 느리게 천천히 가라앉는 것처럼 내려갔습니다.

뇌가 생각을 멈추고 뒤통수 아래쪽에서 생기로 가득 찬 구슬 방울 하나가 빠져나온 후 그 자체가 아무것과도 연결이 안 되어 있는데도 자체적으로 생각과 기억을 하고 있었습니다. 참으로 신비한 일이었습니다. 현대 세상에서 이 얼마나 황당무계한 이야기인지. 이 구슬 같은 둥그런 생기 방울은 참으로 살아있듯이 생명체처럼 생각과 기억을 다 하였습니다. 그리고 생기 방울이 알고 싶은 것은 상상이 아니라 실체를 갖춘 물질처럼 형상화되어 보였습니다. 생기 방울이 알고 싶은 것은 제 영혼이 알고 싶다는 것이 생기 방울에 그대로 전이되어 나타나는 것이었습니다. 그리고 이 생기 방울은 차원이 다른 물질이어서 척추, 허파, 심장 등 다른 장기들이 있는 곳을 처음부터 끝까지 같은 속도를 유지한 채 마치 아무것도 없는 빈 공간을 내려가는 것처럼 일직선으로 반듯이 천천히 내려갔고, 몸 안의 모든 장기는 이 생기 방울이 내려가는데 어떤 장애물도 되지 못했습니다. 이때 제가 의문점을 갖고 생각하는 것이나 알고 싶은 것은 모두 다 이마를 통해 보였습니다. 미래의 다른 풍경, 숫자들이 그랬습니다. 마치 제가 보고 싶은 것은 모두 다 형상화되어 나타나는 하늘 게시판이 앞에 있는 것 같았습니다. 그런데 이렇게 생각하고 보는 게 제 뇌와 두 눈이 아니라 투명한 이마를 통해 생기 방울이 알고 싶은 그 대상이 형상화되어 다 나타나는 것이었습니다. 인체의 두 눈은 아무 생각 없이 그냥 3차원에서 존재하는 밖의 경치만 보고 있을 뿐이었습니다. '어찌 이런 일이 생길 수가 있어?' 하면서 놀라 서 있는 제 영혼이 이때 발생했던 일들을 기억으로 저장하는 역할을 했습니다.

뒤통수 아래쪽에서 빠져나온 둥그런 생기 방울은 '우주의 마음' 그 자체였습니다. 이 우주의 마음은 인간들이 말하는 태초심(太初心) 같은 건 아니었지만 태초심이라고 말한다면 그럴 수도 있을 겁니다. 왜냐하면 달리 말할 단어도 없기 때문입니다. 인간사에서 태초심은 인간의 마음에 묻은 때 같은 걸 다 닦아내고 남은 순수한 마음이라 할 수 있지만, 이 '우주의 마음'은 그렇게 인간에게 내재되어 있는 그 정도의 순수한 마음이 아니라 인간의 마음이란 걸 벗어나 아예 우주 마음으로 우주의 다른 차원들과 통하고 있었습니다. 그런데 우주는 눈에 보이는 물질로 되어 있는데 이것은 눈에 안 보이는 어떤 것들까지 포함하여 나타내고 있는 것으로 보아 하늘의 마음이라고 해야 맞을 것 같았습니다. 이해할 수가 없는 것이 우리 인간의 몸에서 나온 거지만 인간의 마음이 아니었다는 점입니다. 달라도 너무 달랐습니다. 평소에 제 마음이나 능력과는 비교할 수조차 없이 달랐습니다. 이것은 별도로 살아있는 '하늘 생명체'요. '하늘 마음'이었습니다.

이 생기 방울 마음은 우주처럼 끝없이 무한하게 넓은 마음이면서도 더 이상 맑을 수 없는 이 마음이야말로 이보다 더 중요한 보물은 우주에 없을 것 같은 창조주의 최고의 우주 보물로 느껴졌습니다.

지름이 2cm 정도 될듯한 원형의 생기 방울이 흐트러지지 않고 원형을 끝까지 그대로 유지하면서 천천히 아주 서서히 가라앉듯이 내려갔습니다. 이 둥그런 우주의 보물인 생기 방울이 이렇게 천천히 내려가면서 뇌 대신 생각을 다 했습니다. 이제 뇌는 스위치가 꺼진 기계처럼 완전히 멈추어 생각을 못 하고 있습니다. 이 얼마나 희한하고 불가사의한 일인지. 이 생기 방울은 서서히 하단전 쪽으로 천천히 가라앉으며 여러 가지 생각을 하고 있었고 뇌는 생각하는 기능이 마비된 게 아니라 아예 존재하지도 않았습니다. 과학적으로는 도저히 이해할 수 없는 현상이 생기고 있었습니다. 생기 방울이 가라앉을 때 마치 제가 태평양처럼 거대한 바닷속 맨 밑바닥으로 서서히 가라앉는다는 느낌을 가졌으며, 생기 방울이 곧 우주 전체의 기운을 축소해 놓은 축소판 기운이라는 것을 스스로 알고 있었고 또한 다른 차원과도 통하고 있었습니다.

하늘 생명체이자 하늘 마음은 둥그런 생기 방울이었고, 이 방울이 껍데기만 있는 게 아니라 그 속에는 우주의 마음이 진액으로 정수가 되어 가득 찼으며 무게가 있었습니다. 몸통 속에서 서서히 가라앉을 정도면 비물질이라도 어느 정도인지는 모르지만 무게가 있다고 봤습니다. 비물질이라고 하는 이유는 몸통 속에 다른 장기들이 있어도 생기 방울이 지나가는데 아무런 장애물이 되지 못하고 마치 빈 공간을 지나가는 것처럼 아래로 내려갔기 때문입니다.

처음에는 제 마음씨 전체가 이 생기 방울 한 개로 축약되어 깊이 가라앉고 있었던 것처럼 느껴졌으나 제 마음씨가 아니었습니다. 생기 방울의 마음 자체는 인간인 제 몸에서 나왔지만 제 마음과는 완전히 달랐던 것입니다. 어떻게 이렇게 완전히 다를 수가 있는지 도저히 알 수가 없었습니다. 이렇게 완전히 다르다고 느끼게 된 것은 제 마음으로는 알 수 없는 것들이 생기 방울을 통하면 형상화나 이미지화되어 나타났기 때문입니다.

투명한 생기 방울이 계속 내려와 결국 하단전 윗부분에 닿더니 하단전 속으로 쏘옥 들어가면서 사라짐과 동시에 네 개의 맑고 투명한 기운이 하단전에서 앞과 뒤, 좌우 양옆 네 방향으로 방출되어 몸 밖으로 나가는데 몸 안의 장기나 뼈, 근육 등은 아무런 장애가 되지 못했습니다. 이 기운 자체가 스스로 알아서 똑같은 간격으로 네 방향으로 뻗어 나가기 시작했습니다. 이 기운은 특이한 게 기체나 고체, 액체처럼 나가는 게 아니라 하단전에서 출발할 때는 폭이 아주 좁은 띠처럼 나갔는데 앞으로 나아가면서 띠의 밀도가 차츰 엷어지며 폭이 넓어지기 시작했습니다. 설명하려니까 띠라고 말하지 물질적인 띠도 아니고 공기도 아니었습니다. 하단전에서 나간 기운이 폭이 넓어져서 맑고 투명한 띠처럼 되어 계속 긴 폭으로 위아래로 너울거리며 나아갔습니다. 앞에 아무런 장애물도 없는 것처럼 끝없이 너울거리며 나아가면서 폭이 넓어져 갔는데 너울거리며 나아가는 그 아래쪽 즉 바닥은 아니지만 바닥 쪽은 파도도 없고 바닷물도 없는데 마치 바다처럼 느껴졌습니다. 파란 바다가 아니고 투명한 물처럼 맑은데 마치 끝없이 넓은 물 같은 것으로 느껴졌기 때문입니다. 물론 실제 물은 아닙니다. 이때 투명한 띠 같은 게 끝없이 바다 위를 나아가는 것처럼 느껴져서 처음에는 태평양을 건너가는 줄 알았습니다. 그래서 띠 네 방향이 각각 태평양, 대서양, 남극, 북극을 향하는 것으로 생각했던 것입니다. 그리고 멀리 가면서 시간이 지날수록 속도가 차츰차츰 느려지다가 결국 멈추었습니다. 처음에는 신비스런 기운이 태평양, 대서양, 남극, 북극을 향하니 지구를 한 바퀴 돌러 가는가 보다 했습니다. 그런데 갈수록 3차원의 지구의 어떤 모습을 하나도 볼 수 없었기 때문에 지구가 아니라 다른 우주 차원이라고 생각하고 지구보다는 우주 차원에 비중을 두었습니다. 그런데 우주 차원을 한 바퀴 돌아오지 못하고 절반을 갔다는 생각이 들어서 서운한 마음이 일었습니다. 몸의 양옆이나 뒤에서 나간 기운은 끝없이 나가는 게 느껴지긴 했지만 시각화되지는 않았는데 몸 앞에서 나간 기운은 계속 앞으로 너울너울 나아가는 게 투명한 이마를 통해 다 시각화되어 보였습니다. 그런데 멈출 때는 다른 세 방향도 몸의 앞쪽으로 나간 기운과 함께 동시에 멈추는 게 다 느껴졌습니다. 모든 게 다 끝났습니다. 더 이상 또 다른 어떤 상황이 전개될 수 있을지는 모르겠지만 일단 멈추었는데 이게 제 한계인 것 같았습니다. 이 당시 차원 끝까지 가면 좋겠다는 바람은 있었습니다만 아마 이게 차원 끝인 줄도 모릅니다. 몸 앞에서 나간 게 차원 전면부라면 몸 뒤에서 나간 게 차원 후면부일 것도 같았기 때문입니다. 물론 좌우 양옆도 마찬가지일 거라고 생각했습니다. 즉 앞으로 절반, 뒤로 절반 하면 앞뒤로 이미 한 바퀴가 되어 다 통했고 좌우도 이와 마찬가지일 거라고 생각했지만 앞으로 간 것과 뒤로 간 것이 만나서 합해지는 것을 보든지 느끼지는 못했습니다. 그러니 하단전 네 군데서 나간 것이 어떤 이유로 하나로 다 합해지지는 안 한 것이 분명합니다.

처음에 제 두 눈으로 하늘 게시판을 보기 위해 시도한 것이 결국 투명한 이마를 통해 하단전으로 내려가는 생기 방울이 생각만 하면 형상화하여 다 보여주었으니 처음에 보려고 했던 하늘 게시판과는 결과 차이가 너무 엉뚱해서 완전히 달랐던 것입니다. 평상시의 인간의 생각과 상식으로는 많은 것들이 너무나 달라서 인간이 우주 속에 존재하면서도 우주와는 별개로 생각되었지만 인간 자체가 우주와 사방팔방 정도로 통하는 정도가 아니라 우주 전체가 곧 저(하늘 마음)라는 것이 느껴졌습니다. 예로부터 인간을 소우주라고 칭하는데 이런 것들로 미루어볼 때 인간은 그렇게 단순하고 차원 낮은 소우주 정도가 아닌 것 같습니다.

하단전에서 나온 맑고 투명한 기운의 띠가 맑은 차원의 절반을 가다가 멈추더니 나갈 때와는 반대로 계속 후진하여 제 몸의 하단전으로 빠르게 들어오며 회수되었습니다. 참으로 신기하면서도 신비스러웠습니다. 기운의 띠가 후진해서 다시 하단전으로 들어오리라고는 아예 상상도 못 해봤기 때문입니다. 그리고 기운의 띠가 후진하여 하단전으로 들어오는 일이 끝나자마자 바로 뇌의 신경망이 마치 무엇에 연결되듯이 살아나면서 그때서야 비로소 뇌가 생각을 할 수 있게 되었습니다. 생기 방울의 하늘 마음에서 뇌로 생각과 기억과 마음이 모두 옮겨가는 과정은 단순히 하늘 마음이 사라지면서 이뤄졌다고 보면 되는데 이때 느낀 것은 하늘 마음의 투명한 생각과 기억이 뇌로 넘어갈 때는 좀 불투명하고 약간은 찌뿌드드한 느낌을 받았습니다. 그것은 우리가 바닥이 깊어도 환히 다 잘 보이는 맑은 물과 바닥이 얕아도 잘 보이지 않는 혼탁한 물의 차이였고, 달리 말하면 그 차이가 유전자 때문인 것 같았습니다.

인간이 죽어 화장(火葬·茶毘다비)하기 전에 전신사리(全身舍利)라는 게 있고, 시신을 화장하여 나온 물질로 쇄신사리(碎身舍利)가 있습니다. 사리라고 하면 보통 쇄신사리를 가리킵니다. 그런데 제 뒤통수 아래 어느 부분에서 나온 둥그런 생기 방울은 살아있는 인간이라면 누구나 다 지니고 있되, 하늘이 도와주어야만 나올 수 있는 인간과 하늘의 진정한 합작품인 우주 정수의 생체사리(生體舍利)라고 할 수 있을 것입니다. 저는 생체사리를 지리산 등산할 때 두 다리로 체험하고, 또 한 번은 명상의 한계점을 넘어서 체험하여 두 번 경험했는데 전자와 후자는 완전히 달라서 전자는 두 다리가 피곤하지 않고 끊임없는 지구력을 나오게 만들 뿐 정신적인 면은 없었으나 후자인 명상 시 나온 우주 정수의 생체사리가 생각과 기억을 하는 것 보면 역시 하늘은 넓고도 깊다는 느낌을 안 가질 수가 없습니다.

생기 방울이 보고 싶은 것, 알고 싶은 것들은 모두 형상화하여 보여주었는데 대부분이 너무 터무니없었습니다. 그런데 그런 것들이 다음에 현실로 너무나 정확하게 나타났습니다. 제가 알고 싶다면 형상화되어 나타났다가 제가 다 본 후에 사라지는 것이 마치 영화관에서 영화를 볼 때 실물은 없는데 스크린에 비치는 실물과 같은 경우였지만 영화와 다른 점은 제가 다 보기 전에는 사라지지 않았고 스크린도 없고 영사기도 없는데 앞에 실물처럼 나타나는 것이 영화와는 달랐습니다. 아무것도 없는 그 차원 속에서는 보고만 싶으면 그 대상인 모든 것이 형상화되어 나왔고 또 다음에 그런 일들이 실제로 일어났습니다. 그 당시에는 제가 개인적으로 알고 싶은 것들만 보았지 국제적이거나 세계적인 것들은 하나도 생각하지 않을 때였습니다.

사람은 이 세상을 살다 보면 누구나 이해할 수 없고 말할 수 없는 일들이 생길 수 있습니다. 체험해보지 않은 사람은 절대 이해할 수가 없는 일들이 있고 또 어떤 일들은 아예 말을 안 하는 게 좋을 수도 있습니다. 저는 처음에 제 이마가 벗겨질 때

악마가 그렇게 벗기는 걸로 착각했습니다. 그때까지 제 몸에서 이런 일은 처음이었고, 고금동서를 막론하고 어느 책자에도 이런 이야기는 나오지 않았으며, 전설처럼 전해져 내려오는 이야기조차 없어서 악마의 짓으로 생각했던 것입니다. 어디 이마가 뼈까지 벗겨지리라고 상상이나 했겠습니까마는 사실 이마는 그대로 있었던 것입니다. 즉, 이마는 실제로 그대로 있는데 이마 왼쪽에서부터 오른쪽 방향으로 서서히 벗겨지며 그 이마를 통해 투명하게 밖이 보이기 시작했던 것입니다. 그것도 우리 두 눈에 보이는 단순한 밖이 아니라 우리 두 눈으로 보이는 밖의 경치와는 겹치지도 않고 미세하게 다르게 다른 차원이 더 선명하게 보였습니다. 다른 차원은 밖의 경치가 아닌 완전히 다른 투명한 차원이었습니다. 그러니 앞으로 일어날 일을 보여준다고 해서 어떻게 믿을 수 있겠습니까. 그 당시에는 도저히 믿을 수가 없었지요. 미래는 이렇게 얼토당토않고 엉뚱 생뚱맞게 다가옵니다.

'어떻게 인간이 우주를 창조하고 이끌어가는 우주 창조주의 마음을 알 수 있을까?'

제가 느낀 하늘 마음은 인간의 마음이 아니었습니다. 왜냐하면 인간의 마음 중에 가장 깨끗하다고 할 수 있는 어린이 마음마저도 아예 비교할 가치조차 없기 때문입니다. 즉, 하늘 마음은 인간의 몸속에서 나오는 거지만 인간의 것이 아니었습니다. 그러므로 인간의 성격과 마음은 각자가 다르지만 이 하늘 마음만은 인간 누구나 다 똑같을 것이란 생각이 듭니다. 하늘 마음은 우리 눈에 보이는 가시적인 우주뿐만 아니라 다른 차원의 우주까지도 포함하여 모든 걸 이끌어가는 마음 같기 때문입니다. 그러나 만일 인간 각자의 하늘 마음이 다 다르다고 한다면 그 마음을 다르게 만든 본질은 무엇일까 생각해보니 아마 영적인 수준에 기인하지 않을까 싶습니다.

하여간 일주일 이상 하늘 마음이 제 마음속에 가득 찬 게 아니라 제 마음 자체가 하늘 마음으로 되어 있었으나 차츰 시간이 갈수록 이 하늘 마음도 차츰 줄어들었습니다. 하늘 마음이 제 몸속에서조차 제 마음과 별도로 존재하다가 시간이 지남에 따라 이 두 마음이 하나로 조화롭게 뒤섞여지며 제 마음이 되어갔습니다. 이렇게 되면서 제 마음은 업그레이드가 되었습니다마는 살다 보니 인간의 유전자와 주변 환경이 너무 강력하다는 걸 뼈저리게 느끼게 되었습니다.

우리가 현재 살고 있는 이 지구에서 우리 눈에 안 보이는 다른 차원이 바로 눈앞에 존재하고 있는데도 우리는 캄캄하게 모르고 있으니 이것 또한 얼마나 황당한 일이고 또 진정으로 우리 인간이 우주에서 최고의 고등생명체라고 할 수 있을지. 그런데 아무것도 없는 빈 공간인 다른 차원이 살아있다는 걸 느낀다면 그것도 이상한 일이지 않은가. 아무것도 없는 곳에서 무한정으로 무엇이나 형상화되어 나올 수가 있다니. 차원들을 거느리고 있는 우주 창조주의 마음은 인간이 따질 수도 없이 얼마나 심오한가.

생기 방울과 하늘 마음 이것은 인체에 나타나는 하늘의 선물이며 이런 일을 겪어보려고 노력해서 얻기는 했지만 돌이켜 생각해보면 제 능력이 아니라는 생각이 듭니다. 그 후 다시 해보려고 해도 그런 일이 일어나지 않습니다. 한 번 체험하여 과정을 미리 알고 있으므로 마지막 단계에 들어서면 미리 인지가 되어 더 이상 앞으로 나아가기가 어렵습니다. 그래서 우주의 정수인 생기 방울이 나오지 않고 이마도 열리지 않습니다. 하지만 훈련은 계속할 것이나 인간은 나이가 늙으면 무엇이나 잘 안 됩니다. 이것은 자연현상이지만 그래도 무엇이든지 젊어서 이룰 수 있도록 노력해야 하며, 또 젊어서 노력해서 못 이루면 늙어서라도 이룰 수 있도록 꾸준히 그리고 열심히 노력해야 합니다. 특히 이 하늘 마음과 이마의 눈 그리고 다른 차원은 두 눈을 감고 하는 초명상으로는 될지 안 될지는 모르겠습니다. 제가 한 것이 두 눈을 뜨고 한 초명상이기 때문에 그 방향에서만 말씀드리는 겁니다. 두 눈을 감고 하는 초명상은 최고의 경지에 이르렀을 때, 이마 속에 태양이 떠오르는 걸 목격하게 되지만 이 정도는 두 눈 뜨고 한 초명상에 비하면 비교할 가치도 없을 것 같습니다. 그러나 어쩌면 두 눈을 감고 앉아서 하는 초명상, 이 자체가 눈 뜨고 하는 명상의 기본이 되는 것 같습니다. 하늘 마음과 이마의 눈 그리고 다른 차원은 어쩌면 제 능력이라고 하기 보다도 하늘의 도움으로 이루었다는 생각이 듭니다.

생기 방울과 하늘 마음 이 우주의 보물은 인간이면 누구나 다 갖고 있는 것입니다. 이것은 인간의 마음이나 본성이 아니라 하늘 자체의 마음을 말합니다. 아마 이것이 있기 때문에 인간이 동물과 다른 것 같습니다. 제가 동물이 안 갖고 있다는 식으로 말하는 것은 동물을 무시하는 게 아니라 하늘 마음이 나오는 그 자체가 척추로 이루어진 생물체가 자세를 활처럼 곧게 하여 앉아 있든지 서 있을 때 초명상을 하여 나올 수 있기 때문입니다. 그래서 지구상에서 오로지 인간만이 유일하게 맛볼 수 있습니다.

우리 몸에서 보고 듣고 생각하고 기억할 수 있는 것이 현재 우리의 뇌가 아니라 뇌에 부착되어 있는 영혼 신소립자, 운장산에서 유체이탈하여 인체 밖으로 나간 영혼체 그리고 동그란 생기 방울 이 세 가지인데, 영혼체는 머릿속에 영혼 신소립자가 들어 있어서 보고 듣고 생각하고 기억을 하게 되니 제외하더라도 영혼 신소립자와 하늘 마음을 지닌 생기 방울 이 두 가지는 제가 찾아냈다는 것이 좀 뿌듯합니다. 이렇게 **영혼체 머릿속의 영혼 신소립자, 하늘 마음을 지닌 생기 방울**이 뇌와는 별도로 **생각**과 **기억**을 한다는 것 자체가 신비로운 일입니다.

"신들께서도 이런 명상이 됩니까?"

"신들은 뇌가 없어서 인간처럼 그렇게 할 수 없으나 우리는 명상의 한계점을 알고 있다. 신들은 몇백 년을 사는데 식사도 안 하고 별로 할 일이 없기 때문에 일상생활에서 거의 명상을 한다고 보면 된다. 즉 신들은 명상에 특화되었는데 무속인들을 도와주는 신들은 무속인들에게 별도로 할 일이 있기 때문에 우리와는 다르다. 신들이 명상을 해보면 명상에서 마음이 가라앉고 또 가라앉다 보면 더 이상 가라앉을 수 없는 한계가 있다. 신들도 이 한계점을 초월하기가 거의 불가능하다. 말하기 좋게 명상의 한계점이라고 말하지 신들은 인간처럼 뇌가 없기 때문에 명상의 한계점이 없다고 볼 수도 있다. 그래도 신들이 자기 나름대로 이 한계를 뛰어넘기 위해 명상을 수백 년을 하지만 내가 지금까지 신이 명상의 한계점을 넘어섰다는 말을 들어본 적이 없다. 그런데 그 한계점마저 넘어섰구나. 한계점을 넘어서면 마음이 더 이상 맑을 수 없어서 마음씨마저 없어지는 일이 발생하여 투명해지고 그 이상은 무엇이 있는지 없는지도 모르겠는데 인간인 네가 그 한계점을 넘어서다니. 어찌 보면 명상의 한계점은 애당초 뇌가 없는 신들에게는 없고 뇌가 있는 인간에게만 있

는 것인지도 모른다. 우리는 인간 같은 이마의 피부나 뇌가 없어서 명상할 때 이마의 껍질이 두껍게 벗겨지는 일도 없다. 그리고 하단전도 없기 때문에 그곳에서 밖으로 나온 띠 기운이 뻗어 나가는 것을 모르겠으나 네 이야기를 들을 때 능히 다른 차원으로 뻗어 나갈 수 있다고 생각한다."

"그럼 신들은 명상할 때 한계점도 없으시다면서 어떻게 제가 명상의 한계점을 넘어섰는지 그걸 압니까?"

"그건 우리가 알 수 있다. 그러니 신이니까 안다고 쳐라."

"명상하는 동안 몸 안의 어떤 장기에도 구애받지 않고 아무것도 없는 것처럼 몸통 안을 일직선으로 천천히 내려가며 스스로 생각하는 동그란 생기 방울이 신들의 세계에도 있습니까?"

"사람의 몸 안에서 발생했지만 인간과 하늘의 정수가 집약된 것 같구나. 신들은 명상을 해도 인간처럼 뇌가 없기 때문에 머릿속이 인간과 달라서 그런 기는 발생하지 않는다."

"이 생기 방울이 인체에 구속받지 않는 걸로 봐서 차원이 다른 물질인 것 같습니다. 그러니 몸통 안에 장기들이 있는데도 마치 아무것도 없는 것처럼 아무런 상관없이 그냥 내려가지요. 그리고 이 생기 방울이 스스로 생각하는 걸 보면 자체적으로 살아있는 하나의 생명체인 것 같았습니다. 그럼 진동이 있다는 말인데 이 기가 하단전에 들어가면서 그 하단전에서 네 방향으로 나온 기운이 이 3차원에서 다른 차원으로 퍼져나갔기 때문에 그 차원을 관리하는 신이 저를 알게 되어 2013년 1월 10일 새벽 3시 20분 정도에 저한테 다녀가신 신, 2014년 8월 31일 선친의 산소를 벌초할 때 '비상! 비상!' 하고 큰 소리로 말해도 제가 모르자 직접 벌들을 막아주어 제 목숨을 구해준 신, 2017년 10월 척추를 얼게 한 신은 지구의 신이 아니라 다른 차원의 신들이 아닐까요?"

"그쪽 신들은 우리가 본 일도 없고 이야기를 들어본 일도 없기 때문에 알 수 없으나 네 이야기를 다 들어볼 때 우리 같은 신이라고 장담할 수 없어서 다른 차원의 신일 가능성도 배제할 수 없다."

7. 하늘의 관여

1) 십자가(十字架)

1987년 9월 20일. 일요일. 새벽 2시 정도.

들판 같은 곳에 서 있는 저에게 하늘이 어떤 표현을 하려고 했습니다. 하늘이 구름 한 점 없이 파랗고, 온 세상이 쥐 죽은 듯 고요한데 그런 곳에 제가 홀로 맨몸으로 우뚝 서 있었습니다. 고요히 침묵이 흐르더니 갑자기 하늘과 땅 전체가 흔들리기 시작했고 차츰 진동이 강해졌습니다. 땅이 쩍 갈라지는 그런 진동이 아니라 서 있는 상태에서 몸이 전・후・좌・우・상・하 사방팔방으로 흔들리기 시작했습니다. 전・후・좌・우의 진동에 비하면 상・하는 매우 약한 진동이었습니다. 차츰 진동 속도가 빨라졌고 그 힘이 매우 강대하고 웅장해져서 나중엔 엄청난 진동이 되었습니다. 몸을 가누지 못할 정도로 진동의 빠른 속도와 힘이 느껴졌습니다. 더 이상 서 있을 수가 없을 정도에 이르자 갑자기 땅의 진동이 단번에 뚝 멎었습니다. 그러자 이번에는 바로 하늘에서 엄청난 소리가 들려오기 시작했습니다. 하늘도 진동하는 것 같았으나 하늘이 흔들리는 것을 눈으로 확인하려고 해도 대상이 될 만한 물질이 하늘에 하나도 떠있지 않아 가늠하기가 어려웠으나 하늘에서 나는 소리는 차츰 더 커져 세상이 울리고 흔들렸습니다. 하늘은 땅이 진동할 때보다도 더 세게 계속 진동했습니다. 하늘은 온통 파란데 그 진동이 얼마나 센지 하늘을 쳐다보고 있는 제 눈에 파란 하늘의 흔들림이 보이고 귀에 그 진동 소리가 들리면서 온몸으로도 느껴졌습니다. 한데 하늘에서 센 바람이 분다든지 회오리바람이 부는 것은 없었습니다. 저는 두려움으로 계속 바라보고 있었습니다. 파랗고 고요한 하늘이 제가 바라보고 있는 상태에서 아주 강력하게 진동하다가 이제 더 이상 강력하게 진동할 수 없는 상태에 이르자 하늘이 조금씩 좌우로 갈라지기 시작했습니다. 제가 서 있을 때 몸 앞쪽을 남쪽, 몸 뒤쪽을 북쪽이라고 한다면, 진동은 남쪽과 북쪽을 그은 직선 따라서 하늘을 동쪽과 서쪽으로 완전히 갈랐습니다. 동반구와 서반구로 나눠진 거지요. 그리고 마치 하늘이 고체인 것처럼 갈라지는 틈으로 속이 환히 다 보이게 동시에 좌우로 다 갈라졌는데, 파란 하늘이 고체인 것처럼 갈라지니 하늘 속 갈라진 틈의 깊은 곳은 아주 투명한 하늘이 또 있었습니다. 이것 또한 신비로웠습니다. 갈라진 틈 속으로 투명한 다른 하늘이 보이는데 이것은 또 다른 차원의 하늘이었습니다. 낮은 공중과 높은 하늘은 고요한데 남북으로 갈라진 틈으로 보이는 더 높은 하늘이 진동하고 있었습니다. 이 진동으로 땅과 하늘 전체가 흔들렸던 겁니다. 진동은 여전히 계속되었습니다. 하늘 중앙이 동쪽과 서쪽으로 갈라지는 게 멈추자 이번에는 남쪽과 북쪽도 마찬가지로 어느 쪽이 먼저라고 할 것도 없이 동시에 똑같이 분리되고 있었습니다. 말하자면, 하늘을 북반구와 남반구 두 개로 분리시켰습니다. 북반구, 남반구 그리고 동반구, 서반구와 마찬가지로 파란 하늘 갈라진 틈 속으로 투명한 다른 하늘이 보였는데 갈라진 틈 자체는 마치 커다란 하늘의 고속도로 같았습니다. 하늘의 고속도로는 아무것도 없는 빈 공간이었고, 이 공간은 색이 없이 투명하고 맑아서 파란 하늘과 뚜렷이 구별되었습니다. 이와 같이 먼저 하늘이 동과 서로 세로로 갈라지고, 이어서 남과 북으로 가로로 갈라지고 그 갈라진 틈이 직선의 고속도로처럼 되어 틈 속으로 다른 하늘이 보이게 되니 이 도로로 인하여 하늘이 동서남북 네 조각으로 분리된 것입니다. 하늘은 그제야 진동이 멈췄고 큰 공간 도로로 인하여 가운데에 커다랗고 반듯한 사거리가 생겼습니다.

하늘이 진동을 멈추고 고요한 상태를 유지하였습니다. 잠깐 적막한 시간이 흐르자 하늘은 또다시 진동하기 시작했습니다. 적당히 갈라진 동서남북 공간 도로 끝에서 희한하게 빨간 불덩어리가 조금씩 생겨나기 시작했고 하늘이 동서남북으로 갈라지기 위하여 발생했던 진동과 같은 그런 웅장한 진동을 하게 되는 데는 시간이 많이 걸리지 않았습니다.

동서남북 네 군데 하늘 도로 끝에서 시뻘건 불덩어리가 차츰 커지기 시작하는데 더 이상 커질 공간이 부족하자, 이내 엄청난 속도로 갈라진 네 개의 공간인 하늘 도로를 채우며 사방의 가장자리로부터 하늘 중앙으로 시뻘건 불덩어리들이 치달렸습니다. 이윽고 동서남북 네 군데에서 달려온 시뻘건 불덩어리들이 하늘 중앙 사거리에서 한꺼번에 강하게 부딪쳤습니다. 그리고 하늘과 땅이 모두 산산이 찢겨질 정도의 큰 소리와 함께 격렬한 폭발을 일으켰습니다. 사방에서 달려온 큰 불덩어리들이 부딪친 충격으로 동서남북 끝까지 하늘 도로를 가득 채우고 있던 시뻘건 불덩어리들이 하늘에서 온통 불꽃놀이를 하였습니다. 제가 서 있는 땅까지 엄청난 불꽃들이 떨어지는데 그 불꽃들이 하늘의 진동보다 더 무서웠습니다. 그 아래에 있다가는 제 자신이 그 불꽃들에 온몸이 타 죽을 것만 같았습니다. 이렇게 많은 불꽃들이 떨어지면서 동서남북으로 통하는 하늘 도로는 다시 빈 공간으로 비워지고 있었습니다.

시뻘건 불덩어리들이 동서남북에서 달려와 하늘 중앙의 사거리에서 충돌하여 엄청나게 큰 폭발을 일으킨 후 불꽃들이 되어 떨어지고, 사거리 중앙에서 충돌한 반동으로 다시 중앙에 남은 시뻘건 불덩어리가 동서남북 하늘 도로로 동서남북 끝을 향해 빠른 속도로 달려갔습니다. 그때까지 시뻘겋던 불덩어리들이 하늘 중앙에서부터 동서남북 끝으로 물러가니, 하늘 중앙에서부터 동서남북으로 하늘 도로가 빈 공간이 되었고 그 공간은 순수하고 투명해 청정한 하늘로 보였습니다.

시뻘건 불덩어리들이 중앙으로 몰려올 때와 다른 점은, 이렇게 사방 끝으로 물러나니 그 끝에 불덩어리들이 남아 있는 게 아니라 중앙에서부터 소멸되어 없어지는 것이었습니다. 즉, 하늘 중앙으로 몰려올 때는 사방 네 군데의 하늘 도로가 시뻘건 불덩어리들로 가득 찼었는데, 하늘 중앙에서 동서남북 네 군데로 물러가듯이 달려갈 때는 그 뒤가 맑고 투명하였던 것입니다. 그리고 동서남북 네 군데 끝까지 물러난 시뻘건 불덩어리들이 네 군데 끝에 도착하면서 사라져서 하늘은 순수하게 우리가 보는 하늘을 동서남북으로 갈라서 하늘 도로를 만들어놓았습니다.

하늘에서는 지상으로 아직 엄청난 불꽃이 계속 떨어졌습니다. 저는 놀랍고 무서워서 몸을 숨기기 위해 사방을 두리번거렸으나 숨을 만한 건물이나 큰 나무는 고사하고 작은 나무조차 한 그루도 없었습니다. 보이는 것은 아래쪽에 있는 강둑(堤防 제방)뿐이었는데 제 생각에 강둑 아래로 물이 흐르겠다 싶어 그쪽으로 뛰어가 강둑 위에 서서 강바닥을 내려다보니 물이 하나도 없었습니다. 그래도 살기 위해 강둑 아래로 뛰어 내려가 물이 없는 강둑에 몸을 대고 납작 엎드리며 '이젠 죽었구나' 하였습니다. 그 순간 놀라 깨어보니 꿈같기도 하고 아닌 것 같기도 하였습니다. 비몽사몽이었습니다. 이때까지만 해도 저는 하늘이 저에게 무엇을 보여주려고 하는지 전혀 몰랐습니다. TV에서 밤늦게 하는 명화극장(영화)을 보고 새벽 2시가 막 넘어 자려고 누워서 잠깐 뒤척인 것 같은데 놀라 눈을 뜨고 시계를 보니 2시 반입니다. 이후로 너무 놀랍고 무서워서 아침까지 제대로 잠을 못 잤습니다. 아침에 지리산을 향해 출발하기로 약속했기 때문에 저는 '지리산 갈 때나 올 때 큰 사고로 제가 죽으려나, 죽으면 안 되는데' 하고 누워서 고민하는 게 전부였습니다.

직장에서 동료 4팀이 아침에 승용차 4대로 가족들을 동반하여 지리산으로 출발하였습니다. 다들 일단 뱀사골을 갔다가 사람이 별로 없으면 놀면서 구경하고, 사람이 많으면 다른 곳으로 가다가 아무 곳이나 경치 좋은 데가 있으면 점심 먹고 놀다가 오자고 하였습니다.

전주 쪽에서 남원시로 들어서면서 깜짝하는 순간에 뒤따라오던 차 두 대가 인월 가는 길로 좌회전을 안 하고 그대로 구례 가는 쪽으로 반듯이 지나쳐 갔습니다. 우리는 인월 가는 길로 달려가다가 그들이 잘못 가고 있는 걸 알아채고, 그들이 차를 돌려서 곧 우리를 뒤따라 올 줄 알고 인월로 가는 남원의 변두리인 요천강 요천교 앞 약간 넓은 한쪽에 차 2대를 세우곤 잠시 쉬었습니다. 그 당시는 남원에서 지리산 뱀사골 방향으로 가는 차들은 광주 대구 간 고속도로가 없었기 때문에 모두 이 도로를 이용했습니다.

그때 마침 소변이 마려운데 주위에 화장실은 없고 함께 간 가족들 중에 여성들이 있었기 때문에 안 보이는 곳에 가서 소변을 누어야 해서 요천교를 쳐다보니 교각 기둥이 매우 굵고 현재 강바닥에 물이 거의 없는 상태라 강둑을 내려가 다리 기둥 뒤에서 소변을 누고 오면 될 것 같아 조심히 강둑을 내려갔습니다. 강둑 아래로 내려와 다리 기둥 뒤로 돌아가기 위하여 돌멩이들을 밟고 지나가며 보니 강바닥은 물이 거의 없어서 그야말로 온통 돌투성이였습니다.

소변을 다 누고 교각 기둥 뒤에서 돌아서 나오는데, 이때 10여 m 떨어져 있는 저만치 냇가 바닥이 순간 이상했습니다. 어떤 빛이 '번쩍' 하늘로 치솟는 것이었습니다. 저는 처음에는 멍하니 서 있었습니다. 빛이 비춘다고 하면 으레 태양이나 달에서 내리비추는 빛을 연상하는데 이게 거꾸로 땅에서 하늘로 올라가는 빛도 있다니 황당했습니다. 그래서 멍하니 쳐다보았는데 또 이게 막연히 병 깨진 조각이나 돌이라면 햇빛을 받아 반사했겠지 했는데 햇빛 반사가 아니었습니다. 그곳에서는 햇빛을 반사할만한 깨진 유리 조각이나 조금의 물도 없었습니다. 그리고 땅에서 하늘로 올라간 빛은 햇빛 같은 빛이 아니라 밝은 햇빛 아래서도 보이게끔 시원한 빛이었습니다. 햇빛과 색의 진함에서 차이가 났습니다. 현재 뜨겁게 비추고 있는 햇빛보다 시원한 거무스름한 빛이 순간적으로 보였습니다. 그것은 음의 세계의 빛, 즉 하늘에서 보여준 빛이었던 것입니다. 그런데 그 시원하게 생긴 거무스름한 빛이 제가 보는 순간, 땅에서 공중으로 올라가면서 매우 조그맣게 '반짝반짝' 하였습니다. 환한 대낮에 검게 반짝여서 보였던 것입니다. 하늘과 그곳의 어떤 물질은 분명히 서로 통하고 있는 것 같았습니다.

저는 무심코 발길을 그쪽으로 돌렸습니다. 그러나 가까이 가서 빛이 올라간 강바닥을 쳐다보아도 빛을 반사할만한 물체는 아무것도 보이지 않았습니다. 거무스름한 빛이 나온 강바닥은 유리나 사기그릇 깨진 조각 하나 없었고, 물도 한 방울도 없이 모래와 작은 돌멩이들만 무성했습니다. 조금 전 그 빛은 제가 고개를 돌렸을 때 분명히 이 자리에서 땅에서 하늘로 치솟았습니다. 그런데 눈에 보이는 건 모두 냇가에 뒹구는 보통 화강암 돌멩이뿐이었습니다. '이상하다. 분명히 이곳에서 검은빛이 하늘로 치솟았는데' 하면서 '돌멩이들을 좀 걷어내볼까' 하고 땅속을 보기 위하여 돌멩이들을 손으로 치우다 보니 돌 틈 밑에 끼어 있는 돌 하나가 모래 속에서 윗부분이 조금 나와 있는 게 보였는데 빛은 그 돌에서 치솟은 것 같다는 생각이 들었습니다. 그 돌을 꺼내어 어떻게 생겼나 보기 위해 주위의 돌들을 치우다 보니 돌 윗부분이 모래 위로 조금밖에 안 나와 있어서 잡아당겨봐야 모래 속에서 빠져나올 것 같지 않아 위에서부터 모래와 작은 돌멩이들을 조금씩 계속 긁어냈습니다. 마침내 절반 정도 모래를 치우고 돌 윗부분을 잡고 조심스럽게 잡아당기니 그 돌이 '쑤욱' 빠지는데 웬 무늬가 있습니다. 어떤 무늬인가 보니 십자가였습니다.

이 돌은 납작해서 평평한 게 아니라 약간 둥글었습니다. 그런데 꼭 하필이면 십자가의 윗부분 즉, 예수 그리스도가 가시 면류관을 썼던 머리 부분에 가느다란 철사 하나가 둥글게 말아져 있어서 붉은 녹물이 핏물처럼 머리 부분에 스며들어 있고, 십자가의 아랫부분 즉, 예수 그리스도의 발에 못이 박혀 피가 흘렀는데, 이 돌도 그 부위에 둥글게 말아진 철사의 다른 끝부분이 내려와 조금 박히어 있었습니다. 마치 누군가 고의로 그곳에 박아 놓은 것처럼……. 십자가의 못이 박힌 그 부근은 피가 흐른 것처럼 철사의 녹 성분이 스며들어 붉었습니다. 이 철사는 굵기가 1mm도 채 안될 정도로 가느다란 했습니다. 그러니까 철사 위 끝은 십자가의 머리 부분에 닿아 있어서 머리 부분이 빨갛게 녹물이 스며들었고, 철사 아래 끝은 십자가의 발 부분에 박혀서 빨갛게 녹물이 스며들었고, 철사 중간 부분은 십자가 둘레를 조금 떨어져 한 바퀴 돌았습니다. 그리고 이 십자가는 몸통보다도 양쪽 두 팔을 매단 곳이 더 가느다란 했습니다. 아마 이 세상에 하늘이 만든 십자가 중에서 이 십자가보다 더 정확한 것은 없을 것 같습니다.(책명 『인간과 하늘의 비밀』, 도서출판 훈맘, 2009.9.9. 출판. 발췌하여 신께 설명해드림)

"신이시여! 십자가가 선명하게 잘 나타나도록 신들이 아주 오랜 세월 강바닥의 돌을 다듬을 수 있을까요?"

"신들이 그런 돌을 구하기도 어렵고 또 강 속에 있다는 걸 알아도 십자가가 선명하고 정확하게 나타나게끔 오랜 세월에 걸쳐서 잘 다듬을 수 없다. 그 십자가는 신들의 수명도 비교할 수 없을 정도로 훨씬 더 오래전부터 연마되었다."

"신들이 다듬는 일을 안 하셨다면 자연히 다듬어진 십자가 돌이 어디에 어떻게 있는지 누가 알아서 저에게 오게끔 했을까요?"

"신들이 오랜 세월 흐르는 물에 돌을 그렇게 다듬을 수 없고

또 강바닥 어디에 그런 돌이 있는지 알 수 없다. 요천강만 하더라도 돌들이 얼마나 많은데 어떤 돌이 어디에 어떻게 있는지 누가 알겠느냐. 그리고 그게 너에게 오게끔 그렇게 미리 설계할 수도 없다. 그건 신들의 능력 밖이다."

"신들이 하늘이 동서남북으로 갈라져 십자가를 얻을 수 있도록 만드는 이런 꿈을 인간이 꾸게 만들 수 있습니까?"

"인간의 꿈까지 신들이 제어나 관리할 수 없다. 신들의 능력 밖이다. 이런 꿈을 근원도 없이 네가 꾸었기 때문에 네 영적인 능력과 초능력이라고 보면 된다."

"특별한 신이 계신다면 그렇게 할 수 있을까요?"

"특별한 신이라도 그건 할 수 없다."

"혹시 신들이 땅속에 박힌 돌에서 검은빛을 발산하면서 하늘로 올라가게 만들 수 있습니까?"

"그것도 할 수 없다."

"십자석을 주은 뒤로는 한 번도 십자석에서 검은빛이 나오는 걸 못 보았습니다. 그런데 어떻게 땅속에 있는 십자석에서 검은 기운으로 된 빛이 미세하게 반짝거리며 하늘을 향해 치솟았을까요?"

"강바닥에 수도 없이 많은 돌멩이들이 깔려 있는데 그 십자석이 어디에 어떻게 박혀 있는지 누가 알겠느냐. 그런데 마치 너한테 알려주기 위해 땅속에 박혀 있는 십자석에서 검은빛이 하늘을 향해 치솟았다는 건 원래 그 십자석 기운이 그럴 수도 있고, 다른 하나는 햇빛과 대비되어야 알 수 있으니 검은빛으로 그렇게 한 것 같은데 누가 어떻게 그렇게 했는지는 우리도 전혀 모르겠구나."

"강바닥의 돌들이 수없이 많은데 왜 하필이면 그 돌에 예수의 가시 면류관처럼 가느다란 철사가 머리 부분 둘레를 휘어 감고 또 발에 못을 박듯이 가느다란 철사 끝이 발목을 찌르고 있었을까요? 그렇게 신들이 만들 수 있습니까?"

"신들이 그렇게 할 수 없다. 그것은 십자가에 피가 흐른 자국을 만들기 위해 하늘이 했다고밖에 못 본다."

"우리 인간들이 신들을 볼 수 없어서 신이 없다고 하듯이 다른 상위계층의 신들이 지구에 존재하는데 지구 신들이 그들을 볼 수 없어서 없다고 하는 건 아닐까요?"

"우리가 볼 수 없다면 우리도 모르지 그걸 어떻게 알겠느냐. 우리가 다른 많은 신들과 상의를 해봤다. 인간들이 신을 볼 수는 없어도 느낄 수는 있듯이 우리도 인간처럼 보지는 못해도 무언가 느끼는 존재가 있는가 하는 것이다. 그런데 신들이 그런 느끼는 것들이 아예 없다고 하니 현재 신들이 모르는 상위계층의 다른 신은 없다고 봐야 한다."

"그런 상위계층의 신들이 일을 직접 하시고, 그 신들 위에 지구인들의 운명 시스템 프로그램을 돌리시는 하느님 같은 존재가 있는 건 아닐까요?"

"글쎄다. 그건 알 수 없으니 십자석을 준 그런 경우에는 그냥 하늘이 네게 선물로 주었다고 쉽게 생각하면 될 것이다."

"기도할 때 십자가를 앞에 놓고 하면 어떻습니까?"

"기도할 때 앞에 아무것도 안 놓아도 무방하나 꼭 놓고 싶으면 놓고 기도해라. 대개 사람들은 자신이 모시는 신이나 종교를 표시하는 것만 앞에 놓고 기도하고, 다른 종교나 다른 신을 표시하는 것을 놓으려고 할 때는 한쪽 옆에 비껴 놓고 기도하는 게 좋다."

"오랜 세월에 걸쳐서 돌을 다듬어 십자가를 만들고 또 제게 꿈까지 꾸게 만드는 그런 어렵고 복잡한 과정을 거쳐서 목사나 신부도 아닌 평범한 저한테 왜 주었을까요?"

"하늘이 너한테 줄 선물로 가장 적당한 게 무엇이 있었겠느냐. 네가 받은 하늘의 십자가는 기독교, 천주교를 대변하는 게 아니라 곧 하늘을 대변한다고 봐야 할 것이다. 너의 사고가 모든 종교를 뛰어넘으니 하늘이 널 믿고 준 것 같구나."

"저도 제 자신을 모르는데 하늘이 저를 어떻게 알고 믿을까요?"

"너에게 선물을 주었으니 그게 곧 너를 알고 믿는 것 아니겠느냐. 이것은 하늘과 너만의 관계이다."

"저는 이런 물질적인 선물보다 제 마음이 한없이 맑기를 바라는데요."

"그래서 하늘이 널 선택한 것 같다. 오로지 하늘의 판단이라고 생각해라."

2) 얼굴 신

2013년 1월 10일 새벽 3시 20분.

혼자 깊은 잠에 빠져 있는데 갑자기 무엇인가가 다른 차원을 달려오는 소리가 들려와서 두 눈을 번쩍 떴습니다. 그 순간에 달려오는 소리가 네 발 짐승이면 무서워서 어떻게 하나 했는데, 발자국 소리를 잘 들어보니 사람처럼 두 발로 뛰어오는 것이었습니다. 그래서 두 발 짐승이 제게 달려오든 안 할 것 같고, 인간형 존재가 나오면 제 손으로 붙잡고 다른 차원 속으로 따라 들어갈까 하다가, 그 차원에서 집으로 못 돌아오면 다른 방에서 자고 있는 가족들이 걱정되어 '이번에는 그냥 어떻게 하나 두고만 보고, 다음에 또 오면 그때 따라가자' 하고 누운 채 눈만 뜨고 있었습니다. 그런데 120여 m 밖에서 처음에 났던 희미한 발걸음 소리가 점점 커지면서 달려오더니, 70m 내지 80m 정도 떨어진 곳에서 우리 집 쪽으로 살짝 진로가 구부러졌습니다. 그런데 사실 도로도 그 지점이 삼거리인데 우리 집으로 들어오려면 구부러져야 하고 들어오는 길은 차 한 대만 다닐 수 있는 골목길입니다. 이것은 달려오는 존재가 제 쪽을 향해 골목길 따라서 다른 차원의 진로를 구부린 것 같았습니다. 제 쪽으로 달려오면서 발걸음 소리가 차츰 커지더니 창문 밖에서 멈췄습니다. 제가 누워 있는 데서 8m 정도 떨어진 거리였습니다. 날씨도 추운데 왜 창문 밖에서 멈추지, 예의상 창문을 노크하려고 하나 하는 생각도 해보고, 하여간 긴장되어 무언가 잔뜩 기대하고 있는데 잠시 후 누워 있는 제 얼굴 바로 앞에서 사람 얼굴이 '쑥' 나타났습니다.

저는 사람이라면 석가모니, 예수, 아니면 저의 큰형이 나타나려고 하나 하고 내심 기대했는데 처음 보는 엉뚱한 얼굴이었습니다. 저와 같은 황인종 얼굴인데 이마 위, 귀 앞, 턱선까지만 이 세상 밖으로 나왔기 때문에 머리카락이나 두 귀, 목을 볼 수가 없었습니다. 다른 것들은 모두 다른 차원 안에 있고 순수한 얼굴만 차원 밖으로 나와 있었습니다. 다른 차원 문을 열고 나온 것인지 아니면 다른 차원의 벽 같은 것을 뚫고 또는 찢고 얼굴만 내민 것인지 그건 알 수 없었습니다. 그런데 열려진 문이나 찢어진 자국, 조각 등은 하나도 보이지 않고 주변이 컴컴한데도 얼굴이 선명하고 깨끗하고 환하게 보이는 것이 얼굴에서 자체 발광을 하는 것 같았습니다. 그곳에서 나온 얼굴은 보통 사람들 얼굴보다 조금 더 큰 편이어서 키가 그만큼 더 클 거로 생각되었습니다. 그는 다른 차원 속에서 나오기 전에 제 얼굴이 어디쯤 있는지 그걸 어떻게 가늠했는지 모르겠습니다. 제 얼굴을 자로 잰 것처럼 얼마 떨어지지 않아 제가 손을 뻗으면 닿을 수 있는 거리에 그 존재의 얼굴이 나타났습니다. 그는 제 방이 신기했는지 방 안을 둘러보았습니다. 그러다가 제 얼굴을 바라보더니, 제가 두 눈을 뜬 채 자기의 얼굴 관상을 보고 있다는 걸 알고는 흠칫 놀라 순간 다른 차원 속으로 사라졌습니다.

제가 그의 얼굴을 보고 있는 것보다 그가 제 얼굴을 본 것이 어느 정도 늦었습니다. 그렇다고 해서 제가 자기의 얼굴을 보고 있는 것이 얼마나 큰일이라고 그렇게 사라졌는지 어찌 보면 제 입장에서는 좀 서운했지요. 제 얼굴을 한 번만 보고 사라질 이유가 없을 텐데요. 왔다면 간단한 인사나 무슨 말이라도 한마디 했으면 좋았을 텐데 말이 전혀 안 통할 것 같으니 어쩔 수 없었을까요.

사실 이런 존재가 온다면 인간이 다른 차원의 발걸음 소리를 전혀 못 들어야 되는데 깊은 잠이 든 것을 미리 알고서 찾아왔는데도 인간인 제가 미리 알고 두 눈을 뜬 채 자신의 얼굴을 고요히 말 한마디 없이 관상을 보면서 바라보고 있으니 얼마나 놀랐겠습니까? 사실 저도 이 존재에게 죄송합니다. 그런데 저는 이 존재를 지금까지 다른 차원을 관리하는 신이나 다른 별에서 온 외계인으로 생각하고 있었습니다.

"혹시 이 존재는 다른 차원을 관리하는 신입니까 아니면 외계인에 해당됩니까?"

"차원 이동으로 올 경우 먼 우주에서 너를 어떻게 알고 올 것인가 생각해보면 오기가 어려울 것 같아서 지구의 신에 해당된다고 볼 수 있겠는데 우리 같은 지구의 신이라면 몇 가지 이해가 안 가는 게 있다."

"얼굴이 바로 앞에서 나타나고 또 놀라서 사라지는 것은 다른 차원으로 이동하는 겁니까?"

"그 존재가 우리와 같은 신이어서 아마 다른 차원을 이용하지 않고 아주 빠른 속도로 오고 또 놀라서 아주 빠른 속도로 가지 않았나 싶다. 그럼 인간들이 볼 때는 다른 차원을 이용하여 이동하는 것처럼 보일 것이다."

"신들이 생각할 때 지구의 차원은 몇 차원까지 있습니까?"

"차원이란 인간들이 만들어 놓은 말이다. 몇 차원이란 별 의미가 없다. 그냥 인간들 차원하고 다르면 몇 차원이든지 상관없이 차원이 다르다고 생각하면 될 것이다."

"저한테 찾아왔을 때 머리카락, 귀, 목은 안 보이고 단순히 얼굴만 보여서 저는 외계인이 다른 차원에서 얼굴만 내민 것 같다고 생각했었는데 신이라면 자신의 얼굴이 인간에게 이렇게 한정되어 보이게 할 수 있습니까?"

"신이 자신의 몸을 한정되게 보이게 할 수 없다. 이것은 네가 볼 때 그렇게 보았기 때문에 얼굴이 한정되어 보였던 것 같다. 같은 얼굴색이나 모양도 인간 따라 다르게 보이기도 한다."

"신들은 검은 그림자 같은 사람 형상인데요. 어떻게 그렇게 황인종인 사람처럼 똑같이 나타날 수가 있습니까?"

"어느 나라의 신들이든지 신들은 일반적으로 인간들에게 잿빛

이나 거무튀튀하게 보이나 쳐다보는 인간에 따라 흰색이나 다른 색으로 보일 수도 있다. 그리고 대륙이나 어느 육지, 섬에 따라 신들의 얼굴색이 조금씩 다를 수 있는데 실제로 너는 우리 신들끼리 보는 것처럼 정확하게 진한 황색으로 본 것이다."

"불도 안 켜지고 컴컴할 때라 사람의 얼굴이 그 정도 거리에 있다고 해도 그렇게 잘 보일 수가 없습니다. 방 안에 다른 것들도 안 보이는데 얼굴만 환하게 다 잘 보였습니다. 그러니까 관상을 보았지요. 그런데 어떻게 그렇게 환하게 잘 보였을까요. 그 점이 이상해요. 얼굴 속에서 밖으로 은은한 빛이 나올 수 있을까요?"

"네 영적 능력으로 그렇게 본 것 같다. 그렇지 않다면 우리 같은 지구의 신들은 몸속에서 밖으로 빛이 나오지 않기 때문에 설명하기가 어렵다."

"1990년 4월 1일. 일요일. 남원시 보절면의 천황봉(만행산)에서 견신(犬神)을 보았을 때 흰색이지만 속에서 밖으로 흰빛이 나왔습니다. 눈이 부실 정도는 아니고 조금 나왔는데 제가 개 몸속에서 빛이 나오는구나 하고 느꼈습니다. 그런데 이런 견신도 신들과 마찬가지로 동일 물질인 검은 그림자 같은 몸이라고 말씀하셨는데요. 이런 검은색의 견신이 형상화, 물질화하여 나타나니 빛이 나오는 걸로 보아 신들께서도 형상화, 물질화하면 몸에서 밝은 빛이 나오지 않을까요?"

"그 견신은 굉장한 능력이 있는 신이다. 우리 신들이 물질화할 수도 있을 텐데 웬만해서는 못한다. 굉장한 능력이 요구되므로 그 방면으로 타고난 천재급 신이든지 아니면 검은 물질의 개인데 네 영적인 어떤 작용으로 인하여 흰 빛이 나는 것으로 볼

수도 있을 것이다."

"신들은 비물질인데 발걸음 소리가 어떻게 날 수 있습니까?"

"그게 이상하다. 신들은 보통 사뿐사뿐 걷든지 날아가니 발걸음 소리가 거의 들리지 않는다. 인간처럼 쿵쿵 거리며 뛰지도 않고 또 그렇게 뛰었다고 해도 다른 신들에게도 소리가 거의 안 들릴 정도다. 그런데 달려오는 소리를 네가 들었다는 게 이상하다. 영적이란 말은 인간들이 만들어 놓아서 우리도 사용하지만 영적으로 엄청 발달했다고 해도 신들의 발걸음 소리를 듣는 건 어려울 텐데 그걸 들었다니 참 희한하다. 영적으로밖에 들을 수 없다고 봐야 한다. 그렇지 않다면 인간이 신들의 발걸음 소리를 들을 수 있는 방법이 없다. 하여간 인간에게도 신비로운 점이 참 많구나."

"제가 어떻게 이 신의 얼굴을 정확하게 볼 수 있었을까요?"

"평소에 인간들이 신을 볼 수 없다가 어떤 경우에 그중에 능력 있는 인간이 신의 얼굴을 볼 수 있었다고 해도 순간적으로 볼 수 있지 관상 보듯이 오래 접하기는 어렵다. 이 말은 검은 그림자처럼은 오래 볼 수도 있는데 반해 사람이 사람 얼굴 쳐다보듯이 신을 보는 것은 순간적이지 오래 볼 수 없다는 말이다. 그런데 그 신이 산속에만 너무 오래 있다가 인간 집에 들어오니 방 안이 산속의 환경과는 너무 달라 신기해서 오자마자 네 얼굴을 안 보고 다른 것들을 구경한 것 같다. 아마 이때 '설마 이 인간이 내가 온 줄을 알기나 하겠느냐' 하는 마음으로 구경했을 거다. 그러다가 네 얼굴을 쳐다보니 네가 자신을 계속 보고 있었다는 걸 알고는, 들키지 않고 보고 가려고 했는데 들켰다는 자괴감으로 부끄럽고 놀라서 빨리 간 것 같다. 신이 다른 신도 모르게 하는 일과

속내를 인간에게 들켰다고 생각해봐라. 그 신도 돌아가서 다시 돌이켜 생각해보면 말 한마디 못하고 온 자신의 실수를 알고 언젠가 다시 너를 보러 찾아올 수도 있을 것이다."

3) 비상(非常)

2014년 9월 8일(월)이 추석인데 2주 전까지 조상님들 산소의 벌초를 못해서 걱정이 많이 되었습니다. 2주 전까지는 꼭 벌초를 하려고 했는데 직장을 다니느라 일요일밖에 시간이 없었습니다. 그런데 하필 일요일에 하루 종일 비가 내려서 할 수 없이 추석 1주일 전인 8월 31일 일요일에 벌초 준비를 해서 형과 함께 산소에 갔습니다. 그곳은 조상님들 묘가 3개 있었는데 형은 낫으로 묘의 풀들을 베고 있었고, 저는 예초기로 땅바닥의 풀을 베고 있었는데 형과 거리는 20m 정도 떨어져 있었습니다. 예초기를 돌린 지 30분 정도가 지났습니다.

그런데 갑자기 어디서 '비상! 비상!' 하는 소리가 들려왔습니다. 비상이란 단어는 군사용어라 '혹시 여기서 가까운 공수부대원들이 낙하 훈련하나' 하고 생각하며 하늘과 사방을 이리저리 돌아봐도 사람은 한 명도 보이지 않고 아무 이상한 점도 없었습니다. 형 쪽을 쳐다보니 형은 계속 묘의 풀을 낫으로 베면서 묘 위쪽 언덕에 있는 개나리 나뭇가지들을 쳐내고 있었습니다. 형은 '비상' 소리를 못 들은 것 같았습니다. 이상이 없다는 걸 알고 저는 다시 풀을 벴습니다.

5분도 채 안 되어 또 두 번째 '비상! 비상!' 하는 소리가 들려왔습니다. 조금 전보다는 약간 더 큰 소리였습니다. 그래서 일하다 말고 하늘을 쳐다봐도 공수부대 낙하 훈련하는 것도 없고, 군인들 행군하는 것도 없고, 가까이서 말할 사람이 한 명도 없는데 어디서 나는 소리인지 도저히 알 수가 없었습니다. 라디오나 무전기도 없는데 대관절 어디서 '비상! 비상!' 하는 군사용어가 들려오는지 도대체 알 수가 없었습니다. 두 손에 들고 서 있는 예초기는 계속 돌아가며 '윙윙' 거리면서 허공을 갈랐습니다. 저는 다시 풀을 베기 시작했습니다. 좌우로 넓게 풀을 베며 한 4m 정도 앞으로 나갔습니다.

그때 다시 세 번째 '비상! 비상!' 하는 소리가 또다시 들렸습니다. 이번에는 소리가 조금 전보다 더 크고 힘이 강했습니다. 놀라서 이번엔 예초기 작동을 중립인 공회전에 놓고 다시 하늘과 사방을 이리저리 다 돌아보아도 아무 이상이 없었습니다. 그래서 '아마 군산 앞바다에 북한군들이 상륙을 하든지 아니면 서울에 북한군들이 낙하를 하는가 보다' 하고 생각했습니다. 이곳에는 이상이 전혀 없는데 계속 군사용어인 '비상! 비상!' 하는 소리가 차츰차츰 더 크고 강하게 들려왔기 때문에 그렇게 생각할 수밖에 없었습니다. 그리고 아무리 휘둘러봐도 이상한 것은 하나도 보이지 않았기 때문에 그때 저는 '내가 무전기 전파를 듣는 것 아닌가' 하고 순간적으로 그렇게 생각도 해봤습니다. 첫 번째와 두 번째는 방향과 거리를 잘 몰랐는데 세 번째는 확실히 하늘 높이서 들려왔기 때문입니다. 그래서 무전기의 전파인가 보다 하고 생각했고 따라서 북한군들이 군산 앞바다나 서울에 쳐들어 온 걸로 믿었습니다. 그렇지만 '기왕에 벌초하러 왔으니 전쟁이 일어나도 일단 벌초는 마치고 가자' 하고 다시 예초기로 풀을 베며 앞으로 한 3m 정도 나갔습니다.

그런데 갑자기 이때 네 번째 '비상! 비상!' 하는 소리가 아주 급하고 빠르며 강한 어조로 지금까지 들어본 소리보다 훨씬 큰 소리로 들려왔습니다. 사람이 말하는 소리치고 이보다 더 큰 소리는 없을 것 같았습니다. 소리가 너무 강하고 커서 깜짝 놀라 얼른 고개를 드는 순간 더 깜짝 놀랐습니다. 바로 앞에 큰 말벌 떼 수십 마리가 새까맣게 저를 향해 몰려오고 있었습니다. '아! 여기서 내가 죽는구나' 하는 생각이 순간 들었습니다. 죽어도 제가 어떻게 죽는가는 직접 제 눈으로 보고 죽어야지 하며 쳐다보고 있는 순간, 돌아가고 있는 예초기를 잡고 있는 오른손 집게손가락 두 번째 마디가 너무 아팠습니다. 제일 먼저 날아온 말벌 한 마리가 그곳을 쏘았습니다. 이 손가락 마디는 근 30년 전 어느 날 다쳐서 뼈에 금이 가 퉁퉁 부은 적이 있었는데 병원도 안 가고 그냥 나았지만 지금까지 손가락을 구부리면 마디에서 '뚝!' 소리가 날 뿐 그런대로 괜찮았습니다. 그런데 이상하게 요즘 다시 금이 갔던 그 마디가 무척 아팠습니다. 하필이면 그 아픈 자리를 제일 먼저 날아온 말벌이 쏜 것이었습니다. 그런데 그 후 글을 쓰는 지금까지 거짓말처럼 집게손가락 부러진 마디가 하나도 아프지 않습니다.

처음에 날아와서 제 집게손가락을 쏜 벌은 어디론가 날아가고 이어서 숫자도 셀 수 없이 많은 말벌들이 새까맣게 몰려오는 걸 제가 볼 때는 불과 3m 정도 떨어진 거리였는데, 이 말벌 떼가 저하고 불과 1m 정도 떨어진 거리까지 날아오더니 갑자기 하늘과 좌우 방향으로 모두 편대 비행하듯이 날아갔습니다. 이때서야 마음의 여유가 생겨 그대로 들고 서 있었던 예초기를 소리가 안

나게 작동을 중립인 공회전으로 놓았습니다. 저에게 덤벼들던 말벌들은 모두 어디론가 날아갔는데 벌집으로 돌아가지도 않았습니다. 다행히도 저를 쏜 말벌은 제일 빨리 날아와 집게손가락을 쏜 말벌 한 마리밖에 없었습니다. 그런데 왜 어떻게 수십 마리 말벌이 눈 깜짝할 순간에 하늘, 좌, 우 세 군데로 갈라져 날아가게 되었는지 알 수가 없는데 마치 앞에 투명한 유리라도 있어서 막아준 것 같았습니다. 그런데 그 당시에 투명한 유리가 있을 수는 없고 누군가가 제 생명이 일촉즉발로 너무 위태로우니까 앞에 서서 몸으로 직접 막아준 것 아닌가 하는 생각이 들기도 했습니다. 말벌들이 덤벼들기 조금 전에 사촌 남동생이 저도 모르게 도착해서 예초기로 베어 놓은 풀들을 제 뒤에서 한쪽에 치우고 있었습니다. 사촌 동생과 함께 말벌집을 찾아보니 10m 정도 앞에 키가 큰 산딸기나무 군락지가 있는데 그 속가지에 축구공만 한 말벌집 하나가 달려 있고, 그로부터 옆으로 3m 정도 떨어진 산딸기나무에 핸드볼 공만 한 말벌집이 또 하나 달려 있었습니다. 그런데 저를 쏘러 날아온 벌들은 하늘로 날아서 어디로 갔는지 축구공만 한 말벌집에는 말벌들이 네 마리가 남아 있었고 핸드볼 공만 한 말벌집에는 세 마리가 남아 있었습니다. 사촌 동생이 소방서 119로 전화를 하니 소방관 두 명이 와서 말벌집을 불로 다 태워 처리하였습니다. 형과 사촌 동생은 예초기 돌아가는 소리 외에는 아무 소리도 안 나서 제가 들은 '비상! 비상!'이란 말을 전혀 듣지 못했다고 합니다.

"신들이 말벌들로 인해서 저한테 곧 위기가 닥칠 거라는 걸 알 수가 있습니까?"

"말벌들을 미리 살펴보았다면 알 수가 있지만 그 당시에 너와 함께 다니는 신들이 없고, 단순히 그곳 공중을 날아 지나가는 신이라면 그런 건 알 수 없다고 봐야 한다."

"그럼, 저를 살려주려고 누가 '비상! 비상!' 하고 외쳤을까요?"

"그게 이상하다. 신들의 세계에서는 전투나 싸움이 없고 평화로움만 있기 때문에 '비상'이란 단어 자체가 없다. 거의 사용하지 않는 말이 아니라 아예 없다. 그런 상황에서 실체도 없이 누가 알지도 못하는 단어로 '비상! 비상!' 하고 외쳤다고 하니 도저히 이해할 수가 없다. 너는 조용할 때 우리가 하는 말도 못 알아듣는데 설령 우리 같은 신들이 '비상! 비상!' 하고 크게 외쳤다고 해도, 예초기가 돌아가는 시끄러운 소리 속에서 비상이란 말을 네가 어떻게 그렇게 쉽게 알아들을 수 있겠느냐."

"말벌 수십 마리가 저를 쏘기 위해 날아올 때 신이 제 앞에 서서 벌들이 못 오게 막아 하늘 위, 좌, 우로 날아가게 할 수 있습니까?"

"그건 할 수 없다. 신의 몸은 벌이나 무엇이나 다 통과하기 때문에 신이 너를 살리기 위해 자신의 몸으로 급히 막아선다고 해도 말벌들을 막아낼 수 없다. 그리고 비물질인 자신의 몸을, 날아오는 말벌을 막을 수 있는 투명한 어떤 물질로 순간적으로 변화시킬 수도 없다. 이 일은 신의 능력 밖이다."

"말벌에게 그 당시 아픈 오른손 집게손가락 마디를 쏘게 시킬 수도 있습니까?"

"말벌에게 시킬 수 없다. 우연의 일치가 아니라면 그것도 신의 능력 밖이다."

"그 당시 아픈 오른손 집게손가락 마디를 말벌에게 쏘게 시키려면 도와준 누군가는 제가 평소에 그 손가락 마디에 통증을 느낀다는 걸 알고 있었고 또 현재 말벌집이 가까이 있어서 곧 이런 상황에 처하게 될 거라는 걸 미리 알고 있었다는 말인데요. 이걸 알려면 문명이 엄청 발달해 우주 전자 스크린으로 지구나 다른 별에서 보고 있었다는 것이고 또 '비상'이란 단어를 사용하는 걸로 봐서는 군인인 것 같습니다. 만일 그들이 저를 도와주었다면 저의 정체성에 대해 모든 걸 알고 그런 것 같은데 왜 저만 제 자신을 잊고 알 수 없는지 모르겠습니다. 누구나 인간의 아기로 태어날 때 이 지구의 기운이 과거의 모든 걸 잊게 만듭니다. 이 점에 대해 어떻게 생각합니까?"

"네 이런 이야기는 우리는 그냥 듣는 것만으로 만족한다. 우리 상상력은 보통 인간들 상상을 크게 벗어나지 못한다. 네 상상은 그냥 상상이 아니라 네 이야기를 들어보면 모든 인간이 그러듯이 너도 태어날 때 지구의 어떤 기운으로 모든 걸 잊었다고 말하지만 우리 생각에 너는 다 잊지 않고 아직 무언가가 앙금처럼 남아 기억되고 있는 것 같구나."

"그럼, 누가 왜 저를 살려주었을까요?"

"그냥 하늘이 살려주었다고만 알아라."

"살려준 그 하늘이 그 하늘 아닐까요?"

"글쎄다."

4) 하늘의 마인드 컨트롤

2008년 늦가을 어느 날 오후, 충남 논산시 양촌면 법계사 아래에 도착하여 길옆에 주차하고 뒷산인 월성봉(650m)을 향해 출발했는데 정상에 도착하니 시간이 많이 남아 멀리 돌아서 갈 요량으로 월성봉과 대둔산(878m) 사이인 수락계곡을 향해 내려갔습니다. 하산하여 도로에 내려오니 아직도 해가 떠있는 게 시간이 충분하다고 생각되어 대둔산 낙조대(840m)를 오르기로 마음먹고 마을 뒤로 해서 등산로도 제대로 없는 길을 이리저리 찾으며 오르다 보니 돛대봉 아래쪽 등산로를 만났습니다. 그래서 돛대봉을 거쳐 암봉으로 해서 낙조대에 오르니 시간이 너무 많이 지체되어 얼마 안 있으면 해가 질 것 같아 하산하는데 하늘에 유난히 까마귀들 수십 마리가 떠있는 게 보여서 약간 평평한 바위 위에 올라서서 작은 배낭 속에 남은 마지막 식량인 삶은 달걀 두 개를 꺼내 살짝 으깨 놓고 까마귀들에게 내려와서 먹으라고 소리친 후 빨리 내려와 도로에 도착하니 이미 해가 져서 어두워지고 있었습니다. 이제 월성봉 아래 능선을 넘어가야 되니 그곳으로 가는 길을 찾아야 했습니다. 조그만 계곡 옆길을 따라 걸어가는데 덤불 속에서 갑자기 고라니 한 마리가 잠자려고 하다가 놀라서 뛰어 도망갔습니다. 미안해서 조용히 계속 걷는데 너무 어두워서 앞이 안 보여 손전등을 꺼내 켰습니다만 그동안 많이 사용해서 건전지가 다 방전될까 걱정이 앞섰습니다. 낮에 출발할 때는 어두워지기 전에 주차한 곳에 오려고 월성봉에 오른 것이었는데 제 판단 착오로 일이 이렇게 위험하게 커졌습니다. 가다 보니 산림청에서 커다란 '산불 조심' 캠페인 깃발 5개를 길 오른쪽 나무에 하나씩 묶어 놓았습니다. 그곳을 지나 조금 더 가니 조그만 삼거리가 나왔습니다. 이곳에서부터 본격적으로 오르기 시작하는 곳인데 왼쪽 길은 한 번도 가보지 않은 길이고 오른쪽 길은 2년에 세 번 지나가서 대충 찾아갈 것 같았습니다. 그래서 오른쪽 길로 가려고 하는데 갑자기 머리 위 그다지 높지 않은 공중에서 누군가가 큰 소리로 '왼쪽으로 가라' 하여서 두리번거렸으나 아무도 안 보였습니다. 그래서 저도 '여기에 누구 계십니까?' 하였으나 대답이 없이 조용했습니다. 그리고는 아무 소리도 안 났습니다. 그래서 저는 왼쪽으로 가면 산을 넘어 제 차를 주차한 곳으로 갈 수 있나 아니면 어디로 가나 아무것도 모르는 채 하늘에서 가라고 하니 한 번도 가본 일이 없는 왼쪽 길을 택했습니다. 그러나 컴컴한 밤에 모르는 길을 가려니 무섭기도 하고 걱정이 컸지만 하늘의 지시에 따라 왼쪽으로 가기로 마음먹었는데 혹시 산짐승이 나타나면 위험할 때 도움이 될까 봐 뒤로 돌아가서 산림청의 '산불 조심' 깃발 하나를 뽑아 들고 왔습니다. '산불 조심'이라고 쓰인 천이 넓고 커서 산짐승을 만나면 도움이 될 것 같았습니다. 왼손엔 손전등, 오른손에는 깃발을 들고 조용히 가고 있는데 산길은 오로지 하나뿐이어서 가기는 쉬웠습니다. 그냥 앞만 보고 걷는데 처음에 제가 가고자 했던 오른쪽 길 위쪽에서 맹수들이 으르렁거리며 싸우는 소리가 들려왔습니다. '저쪽으로 갔더라면 큰일 날 뻔했구나' 하면서 발자국 소리가 안 나게 빨리빨리 걸었습니다. 발자국 소리가 들린다 해도 산짐승 소리가 나는 곳 하고 멀리 떨어질수록 유리하니 발걸음을 빨리했으나 오늘 짧은 시간에 산을 탄 거리가 상당히 되어서 힘이 빠지기도 했고 먹을 것도 없어서 배가 몹시 고팠습니다. 한참을 내려갔다가 올라 배기를 다시 한참 올라가는데 멀리 왼쪽 옆쪽으로 불빛이 하나 보였습니다. 어느 집 한 채가 있었는데 여기서 거리가 직선으로 250m 정도 될 것 같았습니다. 그런데 제가 이대로 위쪽으로 올라가기면 하면 안 될 것 같다는 생각이 들어서 그 집을 바라보니 집안에서 마당으로 세 명이 나오는 게 대문 근처에 있는 조그만 가로등 불빛에 조그맣게 보였습니다. 그래서 아마 이 밤에 어디 출타하려고 나오는가 보다 하고 대문 밖으로 나오면 길을 물어야겠다 하며 기다리니 대문 밖으로 이야기들을 하며 나왔습니다. 그런데 셋이 선 채로 이야기만 하고 걷지를 않았습니다. '날씨가 아주 쌀쌀해졌는데' 하는 소리가 조그맣게 바람결에 들려왔습니다. 저는 그쪽을 향해 이쪽을 보라고 나뭇가지들을 피해 손전등을 켰다 껐다 반복하며 큰 소리로 안전한 곳으로 내려가는 길을 물었고, 그들은 제가 지금 올라가고 있는 등산로가 대둔산 정상을 향해 가는 길이니 그대로 올라가면 안 되고 거기서 뒤돌아 내려오다가 아래 어디 정도에서 옆 샛길로 빠져나오라고 했습니다. 저는 고맙다는 인사를 하고 그렇게 내려오는데 그들은 '어이 추워 감기 걸리겠네. 들어가 잠이나 자세' 하면서 잠자기 위해 다시 집 안으로 들어갔고 그 집은 4개월 후에 찾아가 보니 석천암이란 조그만 절이었습니다. 산길을 내려오면서 생각해보니 저를 도와주기 위해 하늘에서 이 컴컴한 밤중에 석천암에 계신 분들을 시간에 맞추어 할 일 없이 밖으로 나오게 한 것 같았습니다. 그러니까 세 명이 저를 도와주는 것 외엔 정말 할 일이 없이 쌀쌀한 날씨에 괜히 밖에 나와 찬바람만 쐬고 들어갔지요. 미안하면서도 참으로 고마웠습니다. 안전한 등산로에 도착하여 길에 서서 석천암과 하늘을 향해 고맙다고 4배 드리고 더 내려오다 보니 매표소가 있었습니다. 그래서 옆의 나무에 지금까지 들고 다닌 '산불조심' 깃발을 잘 묶어 놓고 매표소에 와서 여쭈어보니 시간이 오래되어 시내버스 막차는 들어왔다가 나갔을 것이니 한 십 리 정도 걸어 나가면 큰 도로가 나오는데 그곳에서 지나가는 트럭이라도 얻어 타고 논산시 양촌면 쪽으로 가야 할 것이라고 했습니다. 지금까지 손전등이 꺼지지 않는 것만 해도 얼마나 다행인지 손전등이 정말 무척 고마웠습니다. 등산에 대한 자만심으로 판단 착오를 한 것이 내심 부끄러웠습니다.

그런 부끄러운 마음으로 3km 정도를 걸어 나오니 왼쪽 도롯가 어느 주택 대문 앞에서 잠든 어린 손자를 업고 왔다 갔다 하는 할머니 한 분이 계셨고 바로 앞에 시내버스 승강장이 있었는데 이 승강장 옆으로 동네로 들어가는 조그만 도로가 있어서 이곳이 삼거리가 되었습니다. 그런데 갑자기 동네 쪽에서 강한 라이트를 비추며 승강장 쪽으로 큰 차 한 대가 달려왔습니다. 승강장 앞에 와서 잠시 속도를 줄이는데 보니 시내버스였습니다. 속으로 얼마나 반가운지. 기사가 안에 들어갔다가 나올 테니 잠깐만 기다리고 있으라고 하면서 차를 몰고 제가 걸어 나왔던 컴컴한 매표소 방향으로 사라졌습니다. 그걸 본 손자 업은 할머니가 '시내버스 막차가 벌써 나간 줄 알았는데 이제 들어오네. 막차 시간이 훨씬 넘었는데' 하였습니다. 그런데 조금 후 오토바이 한 대가 달려오더니 그 할머니 앞에서 멈췄습니다. 할아버지였는데 어디를 다녀오느라 늦게 오고 또 할머니는 밖에서 기다리고 있었던 것입니다. 그런데 이 시간에 등에 색을 매고 있는 제가 이상하게 보였는지 할아버지가 저에게 '어디 가려고 서 있어요?' 하고 물었습니다. 아마 제가 갈 거리가 짧으면 오토바이로 태워다 줄까 하고 생각했던가 봅니다. 그런데 제가 '법계사로 산을 넘어가려고 갔다가 길을 잃어버려서 이리 오게 되었습니다.' 하니 할아버지, 할머니가 동시에 똑같이 '산을 안 넘어가기 잘했어요. 밤에 그리 넘어가면 산짐승한테 죽어요.' 하였습니다. 이때 시내버스가 와서 할아버지, 할머니께 인사드리고 논산시 양촌면으로 타고 나와, 다시 택시를 타고 법계사 쪽으로 달리는데 택시 기사도 '밤에 그 산길로 넘어오면 산짐승에게 죽어요. 한 3, 4년 전에 젊은 학생이 죽었다고 했어요.' 하였습니다. 주차된 곳으로 오니 제 차가 얼마나 반가운지. 동서남북을 향해 고맙다는 4배를 드리고 차를 몰고 집으로 돌아오면서도 '오늘 밤 정말 위태롭고 조마조마할 때도 있었지만 하늘의 도움으로 무사히 잘 넘겼구나. 정말 고맙습니다.'

- 나의 견해(私見) -

대둔산 수락계곡 쪽에서 법계사로 넘어오기 위하여 조그만 삼거리에 도착했을 때 저에게 '왼쪽으로 가라'고 한 소리나 산속에서 길을 잃어 위험에 빠지자 석천암에 계셨던 세 분을 밖으로 나오게 만들어 저에게 안전한 길을 가르쳐주고 다시 들어가게 만든 것은 하늘의 마인드 컨트롤이었습니다.

5) 포옹(抱擁)

2015년 1월 10일(토).

낮에 전북 장수군에 있는 백운산 정상(1,278m)에 처음으로 도착해 표지석 주변에 제물을 간단히 차려놓고 주변 사정상 10m 정도 떨어진 곳에 서서 눈 감고 기도를 하였습니다. 눈 위에 짐승

발자국도 있고 혼자 깊은 산꼭대기에 있다 보니까 무섭기도 한데 기도 중에 갑자기 표지석 옆에 놓은 제 배낭 속을 무엇이 뒤지는 거였습니다. 눈을 감고 있는데 배낭 속의 비닐봉지를 무엇이 뒤지는 바스락거리는 소리가 계속 들려서 '웬 짐승인가' 하고 두 눈을 뜨고 쳐다보니 아무것도 보이지 않고 소리도 멈추었습니다.

이윽고 기도가 끝난 후 올라갈 때와는 다른 코스로 내려오는데 산기슭에 거의 다다르니 눈들이 녹아 없었습니다. 그래서 양손에 스틱을 잡고 빠른 걸음으로 가고 있는데 갑자기 무언가가 뒤에서 제 허리를 두 손으로 순간적으로 껴안았다가 즉시 놓았습니다. 그러자 저는 빠른 걸음으로 가던 가속도 때문에 순간 멈추었다가 2, 3m 정도 앞으로 날아가서 '퍽!' 하고 떨어졌는데 이때 목에서 '뚝!' 소리가 났습니다. 목뼈가 부러졌으면 큰일인데 하는 걱정을 하다가 넘어진 채 목을 조금 움직여보니 아프지 않아서 천천히 일어났습니다. 스틱 하나가 연결 부분이 많이 구부러져 있어서 걱정이 되었습니다. 펴다가 잘못하면 부러질 것 같았습니다. 주위에 서 있는 참나무에 대고 누르면서 천천히 펴니 의외로 잘 펴졌습니다. 그런데 다행인 것은 나가떨어진 그 주변에 튀어나온 돌멩이나 나무뿌리가 하나도 없어서 어디 한 군데 다친 곳이 없었습니다. '산꼭대기에서 기도할 때 바스락거리는 소리가 나서 눈 떠본 것이 잘못되어 이렇게 앞으로 날아가 떨어지는 벌을 받았나.' 하고 생각하며 다시 길을 따라 가는데, 150m 정도 가니 '아! 이런' 이 근방 흙이 부드러워서 연한 풀뿌리나 벌레를 찾느라 그랬는지 멧돼지 떼가 조금 전에 이 근방을 다 파헤쳤는데 그중에는 아주 큰 발자국도 있었습니다. 마치 조금 전에 파헤친 것처럼 흙구덩이에서 김이 나고 있었습니다.

'아! 거기서 넘어진 게 천만다행이구나' 하고 생각했습니다. 만일 안 넘어지고 그냥 왔다면 여기서 멧돼지 떼하고 마주칠 뻔했습니다. 멧돼지 떼와 시간차를 두기 위해 저를 앞으로 못 가게 껴안은 두 손은 인간 손에 비해 굉장히 길었고 그 부드러움은 고무풍선과는 비교할 수조차 없었습니다.

"산꼭대기에서 기도할 때 마치 제가 들으라고 비닐봉지를 만지는 소리를 냈는데 제가 눈을 떠보니 아무도 안 보이던데 누가 만졌을까요?"

"비닐봉지를 신이 만진다면 주변에 있던 다른 신들이 그 소리를 들을 수 있는데 신이 비닐봉지를 만지는 소리를 인간이 듣기는 어렵다. 부드러운 바람이 비닐봉지를 스치는 소리의 크기는 비물질인 신이 비닐봉지를 만지는 소리에 비하면 아예 비교조차 할 수 없을 정도로 큰데 어찌 인간이 신이 비닐봉지를 만지는 소리를 듣겠느냐. 이건 내가 비유해서 하는 말이고 실제로는 신이 비닐봉지를 만지면 인간 기준으로는 소리가 없다고 보면 된다. 그런데 인간인 네가 그 소리를 어떻게 들었는지 모르겠다. 영적으로 아무리 발달해도 그런 소리를 들을 수 없을 텐데 우리도 이해가 안 간다. 그동안 수없이 많은 인간들 이야기를 알고 있어도 너 같은 경우는 처음이다. 우리도 인간의 영적인 능력이나 뇌의 다른 면에 대하여 새삼 놀라서 다시 상의를 해봐야겠다."

"제가 이대로 산을 내려가면 멧돼지 떼를 만나게 되어 위험하니 저에게 무슨 말을 했겠지요. 그런데 제가 못 알아들으니 급해서 앞으로 못 가게 뒤에서 껴안은 것 같습니다. 껴안은 두 손은 아주 길었고 물체가 아니라 표현하기 어렵게 별나고 묘한 기운 덩어리처럼 느껴졌습니다. 신들이 빨리 걷는 저를 뒤에서 긴 두 손으로 껴안았다가 앞으로 넘어지게끔 즉시 놓을 수도 있습니까?"

"그럴 때 인간도 다른 인간을 그렇게 껴안으려면 무척 힘이 들 텐데 비물질인 신이 인간을 앞으로 못 가게 뒤에서 두 손으로 껴안았다고 하는 건 도저히 있을 수 없는 일이다. 그건 신들의 능력 밖이다."

"신이 아니라면 누가 왜 그렇게 뒤에서 저를 껴안아 살려주었을까요?"

"우리의 능력 밖인 아주 특별한 능력을 지닌 신이 그 산속에 살고 있다면 몰라도, 우리가 그걸 모르니 그냥 하늘이 살려주었다고만 알아라."

6) 거인 신

2017년 10월 어느 늦은 밤.

잠자려고 방바닥에 누웠습니다. 방은 사각형 방인데 발 뻗은 쪽 왼쪽 옆 방향으로 구석이 있었습니다. 그런데 갑자기 그 구석 위 천장에서 무엇이 나타나려고 하여서 제 속으로 '몇 년 전에 용안에 살 때 어느 존재가 찾아올 때는 다른 차원을 달려오는 발자국 소리가 들렸었는데, 지금은 왜 아무 소리도 안 들리고 무엇이 나오려고 하지. 이상하네' 하며 구석 천장을 쳐다보는 순간, 천장에 커다란 구멍이 아래쪽으로 나는 것과 동시에 약간 붉기도 하고 갈색도 도는 빛이 쏟아져 나오며, 어떤 거인 같은 물체가 쑤욱 내려서는데 한눈에 봐도 3m 정도 되는 거인이었습니다. 그런데 더욱 놀라운 것은 천장 높이가 2m 50cm 정도인데 그 높이를 내려서는 찰나에 키와 몸집이 왜소해지면서 제 옆에 내려섰는데, 1m 70cm 정도 되는 키와 보통 몸집으로 줄어 있었습니다. 얼굴을 보니 검은 머리카락에 황인종이지만 뽀얀 색이었습니다. 아는 사람 얼굴 보듯이 우리는 서로 얼굴을 환히 쳐다보았습니다. 그렇지만 처음 보는 얼굴이었습니다. 검은 머리카락은 길지 않았고 옷은 우리나라 사람들이 보통 입는 옷이 아니었고 한복이나 개량 한복도 아니었습니다. 윗옷은 목 부분의 깃 높이가 3, 4cm 정도 되었고 반듯이 서 있었습니다. 앞 단추나 지퍼가 없었고 겉모습이 걸친 것 같은 디자인인데 걸친 것도 아니었습니다. 마치 안 보이는 지퍼로 옷을 입은 것처럼 속옷이나 몸이 안 보였고 옷 크기는 넉넉했습니다. 바지는 내려설 때 보니 혁대나 묶은 끈이 안 보였습니다. 그렇다고 바지가 흘러내리지 않게끔 고무줄이 들어 있는 것도 아니었습니다. 위아래 옷 색깔은 밝고 화사한 것이 아니라 보통 밝기의 색이었습니다. 혹시 남자 원피스인가 했습니다.

그런데 문제는 그 존재가 내려선 곳이 쭈욱 뻗은 제 두 발 중 왼발 옆이었는데, 저도 모르게 어느 사이에 제 몸이 180도 빙 돌았는지 어떻게 되었는지 전혀 알 수 없지만, 하여간 순간적으로 그 존재 옆에 제 왼발이 가 있는 게 아니라 제 얼굴이 가 있었습니다. 이 점이 이상했습니다.

그런데 그 존재가 제 머리 정수리를 오른손으로 짚고 제게 경고를 했습니다. 얼굴은 나이가 45세 정도로밖에 보이지 않아 저보다 20살 가까이 젊게 보였는데 반말로 해서 제가 기분이 좀 언짢았습니다. 그래서 얼굴을 다시 얼핏 보니 얼굴보다 나이가 더 많이 먹게 보여 저보다도 나이가 더 많기도 한 것 같은데 얼마나 많은지 아니면 저보다 어린지 가늠이 잘 안 갔습니다. 그 존재가 제 정수리를 짚고 경고하는 순간, 제 목뒤 경추에서부터 척추 따라 엉덩이 꼬리뼈까지 얼음이 얼어가며 쭈욱 내려갔습니다. 등골이 엄청 차가웠습니다. 요추 부분이 평소에 조금 안 좋은 곳이 있었는데 그곳에서 어는 시간이 다른 곳과 비교할 때 미세하나마 조금 더 걸렸습니다. 그곳을 지나자 엉덩이까지 한번에 쭈욱 내려가며 얼었습니다. 그래서 이제 이대로 죽는가 보다 생각했는데 신기하게도 척추뼈만 얼었지 척추와 연결된 갈비뼈나 근육, 힘줄 등은 아무 이상이 없었습니다.

그 존재가 경고를 하는 동안에 저는 두 눈을 깜박거리며 듣고 있었는데 경고가 끝나자 그 존재는 그 자리에서 순간적으로 없어졌습니다. 어떻게 어디로 떠났는가를 알 수가 없는데 떠났다고 느꼈을 때 열 손가락 중 손가락 한 개라도 움직여보려고 노력했으나 어느 손가락이든지 한 마디도 움직이지 않았습니다. 척추뼈가 얼고 손가락이 움직이지 않으니 처음에는 큰일이라고 생각했습니다만 그래도 눈동자를 이리저리 굴려보니 눈동자는 움직여서 다행이었습니다. 그런데 이상한 점은 손가락 움직이는데 신경쓰다 보니 얼었던 척추가 어느 순간에 다 풀렸고 그때서야 손가락들이 언제 그런 일이 있었냐 하듯이 전처럼 한꺼번에 모두 잘 움직였습니다. 너무 이상해서 무언가 생각을 좀 하려고 했으나 답이 안 나왔습니다. 그러다가 잠이 들었습니다. 다음날 깨어서 보니 그 존재가 내려왔던 천장은 구멍이 없이 말끔했습니다.

"이 존재를 저는 지금까지 다른 차원의 신이나 차원이 높은 외계인으로 생각하고 있었는데, 그게 아니라면 지구의 신입니까?"

"다른 차원이나 먼 우주에서 왔다고 하기도 그렇고 지구의 신이라고 하기에도 미심쩍은 것들이 있어서 지구의 신이라고 하기도 그렇고."

"지구의 신이라면 왜 그렇습니까?"

"신들은 키나 손, 발 길이가 필요에 따라서 보통 1.5배 정도로 늘어날 수 있다. 즉 키가 170cm면 255cm 정도까지 늘어날 수 있다는 말인데, 신의 능력 따라서 더 늘어날 수도 있다. 그런데 어떤 필요에 의하여 신이 몸을 늘려서 천장 아래로 내려서는 순간에 키와 몸집을 다시 줄여서 네 눈에 그렇게 보였을 것이다."

"천장에서 바닥까지 그 짧은 거리를 내려서며 어떻게 신의 얼굴색이 바뀌듯 뽀얘지고, 또 제 몸을 180도 회전시키고 척추뼈만 얼게 했을까요?"

"어떤 신은 능력이 강해 자신의 모습, 얼굴 색깔을 순간적으로 바꿀 수 있고, 또 왔다 가는 게 순간이어서 순간이동이나 다른 차원을 이용하는 줄 알 수도 있으나 몸이 직접 움직인다고 보면 된다. 말하자면 너는 네 몸이 180도 회전했다고 하지만 오히려 너는 그대로 있고 대신 신이 그 순간에 네 다리에서 머리맡으로 옮겨갈 수가 있다. 이건 너무 속도가 빨라서 마치 마술과 같다. 그런데 척추뼈만 얼게 한 걸로 보아 굉장한 능력이 있는 신 같은데, 어디에 숨어 사는지 모르겠으나 너한테 찾아온 걸로 보아 네가 어디 깊은 산에 가서 기도하고 돌아올 때 너도 모르게 네 집까지 따라왔다가 돌아가면서 알게 된 것 같다. 그리고 너한테 관심을 갖고 계속 지켜보고 있었다든지 다른 방법

으로 네 정보를 알고 있었는데, 네 어떤 언행이 그 신의 마음에 안 들어서 집까지 직접 찾아오신 것 같다. 그리고 신의 얼굴이 네 얼굴보다 젊게 보인다고 해서 신의 나이가 네 나이보다 적을 거라고 생각하지 마라. 너보다 훨씬 많을 수도 있다. 그리고 신이 반말했다고 기분이 언짢다고 말하는 인간은 내가 너밖에 못 봤다. 그런데 혹시 반말도 그렇지만 경고 내용 때문에도 더 언짢았던 건 아니냐.

그런데 신이라면 사람이 그렇게 오래 자세하고 확실하게 얼굴과 옷들을 보기가 어렵다. 설령 자세히 보았다고 해도 그런 옷을 입은 신은 너한테 처음으로 이야기를 듣는다. 이런 옷은 우리 신들의 세계에서는 너무 파격적이어서 눈에 잘 띄고 소문이 나서 많이들 알 것이다. 그런데 지금까지 전국을 그렇게 많이 돌아다녔는데도 그런 비슷한 옷이라도 입은 신은 보지도 못했고 이야기도 한번 들어본 적이 없다. 그리고 인간의 척추뼈만 얼게 한 것도 그렇다. 내가 우리 신들의 능력에 맞춰 이야기했지만 사실 우리 신들이 그렇게 하기가 어렵다. 다들 이 두 가지가 의아하다고 말한다. 그리고 너는 우리들 말은 못 알아듣고 얼굴도 모르는데 어떻게 그렇게 그 존재 말은 잘 알아듣고 얼굴이나 옷도 자세히 보는지 그것도 이상하다. 그래서 네가 우리 말은 못 알아듣는데 그 존재 말은 알아듣고 또 얼굴과 옷을 자세히 보는 걸로 보아 그 존재를 꼭 우리 같은 지구의 신이라고 단정하기도 그렇다."

8. 지구 신이 말하는 인간의 영혼

1989년 9월 30일.

다음날 10월 1일은 국군의 날이었습니다. 경축일이자 공휴일로 직장도 쉬기 때문에 9월 30일 토요일에 등산을 떠났습니다. 전북 진안군에 있는 운장산(표고 1,126m)을 등산하기 위해 전주로 가서 버스를 타고 부귀면 정수암이란 곳에 이른 저녁 막차로 도착했습니다. 안 빼먹고 다녀야 하루에 버스가 3번 다닌다고 하는데 이곳에서 내려 무거운 배낭을 메고 마지막 동네까지 한참을 걸어 들어갔습니다.

집들이 다 해서 서너 채밖에 안 되는 조그만 동네인데, 제일 앞집이 길 좌측에 단독으로 한 채 있고 그 나머지는 우측에 있었습니다. 그중 좌측에 있는 제일 앞집에 나이 지긋한 할아버지가 집안이 환히 들여다보이는 낮은 담의 사립문 밖에 나와 서서 동네로 들어서고 있는 저를 물끄러미 바라보고 있었습니다. 동네로 들어오면서 보니 산꼭대기 서봉 아래 중턱에 뾰족이 나온 부분이 보여 그곳을 가리키며 할아버지께 여쭈니 '오성대(五聖臺)'라고 하면서 그곳으로 가는 길과 또 그 길로 해서 운장산 정상에 오르는 길을 자세히 가르쳐주며 산짐승 중 특히 멧돼지가 많으니 조심하라고 했습니다.

어두워지기 전에 당도하여 텐트를 쳐야 하겠기에 땀을 흘리며 열심히 걸어서 오성대에 도착했는데 이때만 해도 오성대(五聖臺)란 이름을 볼 때 다섯 분의 신이 계시는 곳이란 명칭으로 거창하게 생각이 들었습니다. 그런데 막상 도착해 보니 볼만한 것이 높이가 2m가 조금 넘을 것 같은 바위 위에 사람들이 만들어 쌓아 놓은 돌무더기 탑 한 개뿐이었습니다. 식수로 쓸 물도 10m 정도 뒤쪽 위로 암벽처럼 서 있는 바위 아래에서 흘러나왔는데 후에 알게 된 것은 이 물이 생수가 아닌 건수라서 비가 여러 날 오지 않으면 다 말라 나오지 않는다는 겁니다.

텐트를 치고 위해 먼저 땅에 박혀 뾰족이 나와 있는 조그만 돌멩이 몇 개를 캐내고 바닥을 평평하게 고른 후 빨간색 텐트를 치고 있는데 갑자기 뒤쪽에서 사나운 맹수가 제 등 뒤로 다가온 것 같아 깜짝 놀란 저는 급히 뒤를 돌아다보니 맹수도 없고 움직이는 건 아무것도 안 보였습니다. 분명히 맹수가 다가온 것 같았는데 맹수나 다른 아무것도 보이지 않으니 더 불안했습니다. 그러나 다시 아무리 쳐다봐도 아무것도 보이지 않았습니다. 그래서 다시 텐트 치는 일을 하고 있는데 뒤쪽에서 무서운 것이 이리저리로 왔다 갔다 하는 느낌이 들었는데 이렇게 뒤를 안 돌아봐도 느낌으로 다 아는 것은 이상한 일이었습니다. 그런데 갑자기 바로 뒤에 와서 엄청 무서운 강기를 제게 쏘아서 제 몸의 어떤 기능으로 어떻게 이런 걸 느낄 수 있는가는 생각할 겨를도 없이 다시 다급하게 뒤돌아보니 무엇이 있는 것 같은데 잘 보이지 않았습니다. 분명히 뭔가가 뒤쪽에서 왔다 갔다 했는데 이상하다 하고 다시 텐트 치는 일을 계속하고 있으니 다시 뭔가가 제 뒤쪽에서 왔다 갔다 합니다. 그래서 서 있는 위치를 정확히 파악해 다시 얼른 뒤돌아보니 산짐승도 아니고 사람도 아니었습니다. 그 뒤쪽으로 해가 서산에 걸려 석양빛으로 눈이 부셔서 잘 안 보여 제 눈에 불을 켜듯이 하고 자세히 살피니 처음에 잘 보이지 않다가 차츰 보이는데 사람 형상 같은 것이었습니다.

하늘은 맑은데도 혹시나 하는 생각에 텐트 주위에 배수로를 만들고, 그 주위로는 가을철 독 오른 독사가 나타날 걸 대비해 백반가루를 듬뿍 뿌렸습니다. 이 백반가루에 대해 한 마디 부언하면, 그 후 수년이 지난 어느 날 겨울잠을 자러 들어가기 전인 커다란 살모사 한 마리를 산 채로 잡아 놓고, 뱀 둘레에 지름이 1m 정도 되게 울타리처럼 거의 원 모양으로 백반가루를 뿌려 놓은 채 뱀의 뒤쪽만 한 뼘 정도 빈 공간으로 남겨 놓으니, 뱀은 똬리를 틀고 있다가 뒤쪽 공간으로 빠져나가는 게 아니고 하나도 거리낌 없이 그냥 앞의 백반 위로 기어나가는 걸 보고는 백반도 소문과 다르게 별 소용이 없다는 것을 알게 되었습니다.

텐트를 완성하고 나니 큰 걱정거리 하나는 덜게 되었습니다. 금방 어두워진다 해도 텐트 속에 아무 때나 들어가 잘 수 있다는 생각에 안도감이 놓였습니다. 배가 고프니 밥이나 지어 먹고 자야겠다고 생각하고, 조금 전 나뭇잎을 치우고 물을 깨끗이 갈아준 바위 밑 약수터를 찾아가 쌀을 씻는데, 갑자기 제 등 뒤로 맹수가 다가온 것 같이 살기처럼 충격이 와서 '후다닥' 뒤를 돌아다보니 무언가가 제 등 뒤로부터 순간적으로 텐트 뒤까지 10m 이상을 선 채로 날아가듯이 물러가는 게 보였습니다. 사람 같으면 뒷걸음질해서 물러갈 텐데 이 존재는 두 발이 지면에서 약간 뜬 것 같이 그대로 뒤로 1자형으로 선 채로 날아가듯이 물러갔습니다. 걷는다든지 뒤로 뛰어간다든지 하는 것보다는 속도가 훨씬 빨라 마치 나는 것 같았습니다. 그런데 다시 그 존재가 제 등 뒤에 다가와 섰습니다. 10m 이상 떨어진 거리를 다가오는 그의 순간 속도가 무척 빨랐습니다. 다시 다가온 것 같아 고개를 돌려 쳐다보니 바로 제 뒤에 서 있던 자리에서 7m 정도를 금세 뒤로 물러섰습니다. 키를 보니 저보다 좀 작은데 마치 투명한 그림자가 서 있는 것처럼 보이는데 외모가 뚜렷하게 보이질 않고 거무스름하게 보였습니다. 즉, 사람이 온몸에 거의 투명한 검은색 스타킹 같은 것을 입은 것 같은 몸매여서 바람에 펄럭이는 것은 없고 또 헐렁이는 것도 없이 몸에 꼭 맞게 보였습니다.

바위(오성대) 위에 올라가 촛불을 밝히고 촛불 둘레에 바람막이를 폈습니다. 잘 지은 밥에 수저를 놓고 제물로 갖고 간 것들을 다 차려놓고 과일들도 앞에 잘 깎아 놓았습니다. 귤도 껍질을 벗겨 놓았습니다. 귤은 조그만 종류였는데 세 조각씩이 한 뭉치가 되게 손으로 갈라놓았습니다. 약수터에서 물을 한 사발 떠다 앞에 놓았습니다. 그리고 간편하게 먹을 수 있는 조그만 일회용 김도 비닐을 벗겨 바위 위에 놓고 기도를 하였습니다. 눈을 감고 기도하는 중에 갑자기 바람이 계속 거세게 불어와 '이 센 바람에 김 조각들은 모두 날아가겠지' 하면서 한편으로는 김은 안 먹으면 그만이란 생각도 들었습니다.

눈을 감은 채 기도를 하고 있는데 신들이 날아와 제 앞에 앉으셨습니다. 제 뒤쪽인 운장산 서봉 쪽에서 바로 날아 내려와 제 앞에 앉고, 멀리 앞의 연석산, 안수산과 천등산, 대둔산 쪽에서 신들이 날아오셨습니다. 모두 다섯 분이셨습니다. 아마 그래서 오성대(五聖臺)인가, 그렇다면 우리 선조들은 벌써 이런 걸 아셨던 분이 계셔서 이름을 그렇게 지었나 보다고 생각했습니다. 저는 두 눈을 감고 기도하고 있지만 날아오는 방향과 제 앞에 내려설 때의 그 상황이 다 눈을 뜨고 보듯이 확연히 느껴졌습니다. 신들은 멀리서 오실 때 지면 위의 나무들 꼭대기 위로 수십 m씩 떠서 날아왔습니다. 신들이 날아오는 것을 새들과 비교할 수 없습니다. 먼 거리에서 한숨에 달려올 때는 제트기처럼 빠르게 날아옵니다. 너무 빨라 마치 존재치 않다가 이 차원에서 불쑥 나타나는 것처럼 느낄 수가 있으나 분명히 왔다가 가야 합니다. 그러나 무게도 없고 가속도도 없으며 아무런 소리도 안 납니다. 즉, 현대 과학으로는 설명이 안 됩니다. 신은 빠른 속도에도 불구하고 멈추고자 할 때는 바로 그 자리에서 멈춥니다. 앞에 내려설 때는 때에 따라 위에서 내려올 때도 있는데, 지금 있는 곳은 높은 절벽 위에 바위가 있는 곳이므로 사뿐히 아래에서 위로 다가와 서는 자세입니다. 어찌 날개나 엔진도 없이 어떻게 이렇게 날아올 수 있는 것인지 참 신비스럽습니다.

기도를 하고 있는데 텐트 칠 때부터 제 주위를 맴돌던 존재 같은 게 다가와 잠깐 제 뒤에 서 있더니, 신들과 자리를 함께 하기가 어려웠던지 제 왼쪽 옆으로 몇 발 나와 무릎을 꿇고 엎드려, 앞의 신들께 제가 기도하기 위해 그릇에 떠놓은 물을 좀 마시자고 신들께 사정을 하였고 신들은 허락을 했습니다. 저는 이 모든 걸 눈을 감고 보지 않으면서도 다 알았습니다. 제가 어떻게 이렇게 아는지 제가 생각해도 이해가 안 갔습니다. 그 존재는 두 무릎을 꿇은 채 엎드려 물을 마셨는데 제 귀에는 마치 개가 물을 할짝거리듯 들렸습니다. 그러나 그 소리는 개가 물을 할짝거리는 소리와는 영 달랐습니다. 마실 때마다 짧게 외마디로 소리가 들렸습니다. 인간사에서는 그렇게 물 마시는 소리가 없기 때문에 어떻게 표현하기가 좀 어려운데 그릇의 물은 조금도 줄어들지 않아 그 양은 원래 그대로 있고, 이 존재는 인간의 혀나

치아도 없는데 입으로 물을 마시고 저 또한 제 귀로 듣긴 했으나 제 귀의 고막을 통해서 들었는지 심히 의아했습니다. 그 물 마시는 소리를 어떻게 표현하기가 애매하지만 인간들 말로 영적으로 들었다고 할 수밖에 없습니다.

'우리나라 온 방방곡곡이 모두 화목하게 도와주시고, 꼭 평화통일이 되도록 도와주십시오' 하고 또 제 등산도 무사히 끝낼 수 있도록 기도하면서 빌었습니다. 이윽고 신들이 돌아가고 기도를 마친 후 센바람에 김 조각들이 당연히 날아갔겠지 하고 감았던 눈을 뜨고 바로 앞의 김을 보니, 센바람에 날아가지 말라고 신이 바위 위에 놓인 김 조각 위에 옆에 있던 귤 한 뭉치인 조그만 세 조각을 갖다가 올려놓았습니다. 그래서 김은 센바람에도 날아가지 않고 모두 무사했으며 이후로 저는 신들이 몸은 인간과는 다르고 근육도 없지만, 귤 세 조각 정도의 무게는 들고 내려놓을 수 있다는 것을 알게 되었습니다.

기도를 마치니 주변은 캄캄했고 하늘엔 별들만 총총하였습니다. 산 위에서 보는 별들은 산 아래와 달리 공기 오염이 안 돼서 그러겠지만 유난히 빛나 쳐다보면 볼수록 기분이 좋습니다. 마치 하늘에 야광주로 된 조그만 보석들을 뿌려 놓은 것 같습니다.

기도한 후 밥을 먹고 있는데 바람과 함께 구름이 빠른 속도로 몰려와 별들이 하나, 둘 안 보이기 시작했습니다. 그리고 한두 방울 빗방울이 떨어지다가 금세 굵어졌습니다. 서둘러 밥을 다 먹고 그릇을 챙겨가지고 텐트로 내려오는데, 아까 그 존재가 언제 나타났는지 갑자기 좌측 옆에서 저를 미니 제 우측 발이 바위 가장자리를 비켜 스치며 공간으로 미끄러져서 하마터면 2m

가 넘는 바위에서 돌바닥으로 떨어질 뻔하였습니다. 높이는 얼마 안 되지만 머리부터 떨어지면 위험할 수도 있었습니다. 저는 참 다행으로 생각하며 '밀지 마세요' 하고 말하면서 내려왔습니다. 왜 몸무게도 없는 존재에게 밀렸는가를 생각해보니 순간적이나마 저도 몸무게를 못 느끼는 존재가 되어 있었던 것이 아닌가 싶습니다. 하여간 그 후론 바위 가장자리에 잘 서지를 않습니다.

텐트에 내려와 텐트 밖에 밥 먹은 그릇들을 내놓고 날이 새면 설거지를 해야겠다고 생각하며 잠을 청했습니다. 이때만 해도 아무런 이상이 없었습니다. 이윽고, 깊이 잠들어 한숨 잘 자는데 텐트 앞에 갑자기 맹수가 다가왔는지 온몸에 소름이 쫙 끼쳐서 저는 두 눈을 '번쩍' 떴습니다. 무엇인가가 텐트 앞에서 강렬한 기(氣)를 내뿜고 있었습니다. 이럴 때면 꼭 사나운 맹수인 호랑이 정도가 바로 앞에 와 있는 것 같은 기를 느끼곤 했습니다. 그러면 저도 그럴 때 으레 온몸에 소름이 쫙 끼칩니다. 이렇게 저를 순간 두렵게 만드는 기는 그들이 내는 기본적인 비(非)물질인 기로 이것은 인간 기와는 완전히 다릅니다. 이럴 때 저도 소름이 쫘악 끼치며 온몸의 털이 곤두서는 것 같은 느낌을 갖는데 이때 그 존재처럼 저도 기를 방출하는 것은 아닌지 그건 모르겠습니다. 사방은 캄캄하니 적막감 외엔 아무것도 없는 그야말로 저만의 세계에서, 저를 이렇게 부지불식간(不知不識間)에 무섭게 깨우는 것은 무엇인지 두려운 감이 들었지만 이것은 텐트를 열어 볼 것도 없이 짐승이 아닙니다. 그래도 혹시나 하는 생각에 왼손에 손전등을 들고, 몸하고 가까우면 짐승이 빛을 보고 덤벼들 때 위험해서 몸에서 가급적 멀리 떨어져 불을 켠 채 오른손에 칼을 들고 텐트 지퍼를 올렸습니다. 그래도 혹시나 밖에 짐승이 있을까 봐 무서워 텐트 밖으로 얼굴을 목까지 대번에 쑤욱 내밀지도 못하고, 올린 지퍼 양쪽을 양 볼에 대고 텐트 밖의 좌우 양쪽을 한 번에 살피기 위해 두 눈의 각도를 최대한으로 넓혔습니다. 밖을 보니 그 존재는 어느새 사라져 없고 주위는 칠흑처럼 어두웠습니다. 하늘은 먹구름이 잔뜩 끼었는지 별 하나 보이지 않고 바람만 세차게 불었습니다. 이것은 제가 1986년 식목일에 혼자 지리산 칠선계곡 입구 쪽에 텐트를 치고 자다가 발생한 일과 그 느낌이 똑같았습니다. 칠선계곡에서도 어느 존재들이 밤새 귀찮게 한 일이 있었습니다. 이제 잠은 어디로 도망갔는지 좀처럼 오지를 않습니다.

그 후 밤새 천둥과 번개가 요란하고 소나기가 억수로 퍼부었습니다. 바람이 하도 강하게 불어 텐트가 날아갈 듯이 흔들려서 잠을 제대로 못 잤습니다. 텐트 바닥 한쪽에서부터 물이 바람결에 뿌려 들어오기 시작했습니다. 그래서 반대쪽으로 몸을 조금 이동했습니다. 텐트 밑에 냉기가 올라오지 못하게 비닐을 깔은 게 오히려 비닐과 텐트 사이로 거센 바람을 타고 들어온 빗물을 고이게 만들었습니다. 몸은 피로하고 밤새 하늘을 진동시키는 천둥・번개에 잠이 들었다 깼다를 수없이 반복하니 어느새 텐트 안이 환해지기 시작했습니다. 텐트를 열고 밖을 보니 날이 샜지만 구름인지 안개인지 앞이 희뿌옇습니다. 아직은 지척만 보입니다. 이제 온 세상이 다 고요하고 이슬비만 내립니다. 간밤에 그 사나움은 봄날에 눈 녹은 듯 어디로 사라졌는지 마음이 다 평화롭습니다. 이슬비만 그치면 텐트를 걷어 정상에 올랐다가 부귀면 황금리로 내려가야겠다고 생각하고 피곤하여 다시 잠을 청했습니다. 좀더 환하고 비가 완전히 그칠 때까지 한숨 푹 자려고 빗물이 아직 스며들지 않은 텐트 한쪽 구석으로 침낭을 옮기니 다행히 침낭은 젖은 데가 없습니다. 그 속에 몸을 넣고 쭈욱 펴 몸 우측을 바닥에 대고 누웠습니다. 그리고 석유 버너 케이스를 당겨 침낭 머리 부분 밑에 넣어 베개로 삼았습니다. 우측 갈비뼈 부분을 바닥에 대고 왼발은 살짝 구부려 오른발 위로 포개고 눈을 감았습니다.

바로 그때였습니다. 머릿속에 아무것도 없는 것 같은 그런 상태, 즉, 두뇌활동이나 의식이 전혀 없어 마음이 어디에도 없는 그런 상태에서 제가 벌떡 일어났습니다. 사실 그런 깊고 고요한 상태에서 사람이 이렇게 벌떡 일어선다는 것은 불가능한 일이었는데, 비몽사몽간인지 또는 깊은 잠이 들었는지 그 자체도 알 수 없고 그 당시는 어떻게 이렇게 일어섰는지 도저히 알 수 없었습니다. 단지 어느 누군가가 텐트 지퍼를 열고 들어서는 찰나였기 때문에 다급해서 이렇게 황급히 벌떡 일어섰던 것입니다. 그것은 텐트 안의 동정을 마치 밖에서 살피고 있었던 것처럼 즉, 들어오기 적당한 순간이 오기를 기다리고 있다가 들어선 것인데, 불청객인 웬 젊은 여자가 텐트 지퍼를 들어 올리며 들어서는 것과 동시에 제가 벌떡 일어섰던 것입니다. 여자는 아래는 청바지를 입고 위에는 파란색 바탕에 흰 줄이 가로로 있는 반소매의 티셔츠를 입고 있었습니다.

저는 텐트 안에 들어온 그녀를 이렇게 들어오면 안 된다는 식으로 밖으로 나가라고 제 두 손으로 밀어냈습니다. 여자는 밖으로 나가기 싫은 듯 밀리면서도 계속 텐트 안쪽으로 들어오려고 안간힘을 썼는데 저한테 안기려고 하는 것 같았습니다. 이렇게 한참을 실랑이하면서 주위를 보니 텐트 안이 환히 다 보였습니다. 제가 일어나서 이 여자를 밖으로 밀어내고 있었는데 어찌된 일인지 제 몸이 침낭 속에서 우측 갈비뼈 부분을 바닥에 대고 누워 있는 게 보였습니다. 텐트 안 공간 전체가 빨간색 텐트의 영향으로 부드러운 핑크색으로 보였습니다.

'아! 내가 유체이탈을 하다니…….'

실랑이를 하는 우리 둘 사이에 어쩐 일인지 서로 말은 한마디도 없었습니다. 여자의 머리카락은 어깨 약간 아래에 닿고, 키가 1m 65cm 정도 되는 큰 편으로 얼굴은 약간 넓고 검은 편이었습니다. 그리고 눈망울이 유난히 컸는데, 얼굴이 대체적으로 미인은 아니더라도 밉상 또한 아니었고, 나이는 이십칠팔 세 정도로 보였습니다. 저는 여자를 밖으로 계속 밀어냈고 여자는 안 나가려고 안간힘을 썼습니다. 이때 제가 여자를 밀어낼 때 감촉은 사람의 감촉과 영 달랐습니다. 제가 미는 것에 여자가 밀려나긴 하지만 몸을 밀어도 사실 사람 같은 감촉은 없었습니다. 이상한 일이었습니다. 여자는 제게 할 말이 있었습니다. 적어도 저에게 무엇인가를 표현하려고 애썼는데 우리 둘 사이에는 이상하게도 말 한마디가 없었습니다. 그렇게 말 한마디 서로 안 해도 우리 둘은 서로의 마음을 잘 알고 있었습니다. 아마 텔레파시로 통하는 것 같았습니다. 여자는 제 품에 안기고 싶어 했으나 저는 목석처럼 여전히 여자를 계속 밀어냈습니다.

이윽고, 여자는 제가 계속 밀어내고 가까이 못 오게 하자 저를 이길 수 없었음을 알았는지 다가오려는 걸 포기하고 대신 그녀가 제게 보여주고 싶었던, 다시 말해 적어도 저란 사람에게 말하고 싶었던 것들을 시간과 공간을 초월해 보여주었습니다. 제

품으로 가까이 다가오려던 여자가 제가 밀어내는 사이에 멈칫하더니 갑자기 얼굴이 완전히 뒤로 젖혀졌습니다. 머리 뒤통수가 뒤쪽으로 쳐져서 등에 가 닿아 있었습니다. 날카로운 흉기로 닭 목을 단번에 쳐서 자르듯 뒷덜미 가죽만 붙어 있는 채 여자의 목이 잘려져서 뒤통수가 등에 가 닿았던 것입니다. 잘린 목을 보니 식도・기관지 등 단면이 깨끗하게 환히 보이더니 조금 후 잘린 목 여기저기에서 시뻘건 피가 마구 솟구치며 하얀 목을 타고 주룩주룩 흘러내렸습니다.

저는 여자의 그런 모습이 너무 불쌍해 잘린 목을 원상태로 붙여주려고 등 뒤로 쳐진 여자의 머리 뒤를 왼손으로 잡고 얼굴을 들어 올렸습니다. 잘린 목이 붙을지 의문이지만 그래도 너무 가여워 꼭 붙여주고 싶었습니다. 그렇게 들어 올린 여자 얼굴을 보니 이번엔 얼굴을 넓은 끌이나 잘 드는 칼로 살점을 움푹움푹 떠낸 모습으로, 얼굴은 볼이나 코는 물론 이마의 피부조차 제대로 없었고, 얼굴은 전체적으로 흰 뼈와 조금씩 붙어 있는 빨간 속살만 보이더니, 잠시 후 얼굴 전체 이곳저곳에서도 시뻘건 피가 마구 솟아 흘러내렸습니다. 두 눈 뜨고는 차마 볼 수 없는 목불인견이었습니다. 너무 참혹하고 불쌍했습니다. 여자의 얼굴을 몰라보게 하기 위하여 살인자가 이런 짓을 저지른 것입니다.

'아! 세상에 이럴 수가?'

여자는 비참하고 잔인하게 누군가에게 살해당한 것입니다. 그렇게 한이 맺혀 있었기에 이곳을 떠나지 못하고 있었던 것입니다. 그러다가 자기가 기도하던 곳에 제가 와서 기도를 드리니 얼마나 좋았겠습니까. 그래서 저한테 안기고 싶었는데 제가 이러지 말라고 밀어내니 달리 어쩔 수가 없어서 이렇게 생생하게 그때의 살해당하는 장면을 보여주었나 봅니다.

저는 눈을 떴습니다. 몸은 처음 누운 그 상태 그대로였습니다. 여자는 제게 시간과 공간을 초월해 자신의 살해당하던 모습을 보여주고는, 제가 멈칫하며 놀라 깨어나는 사이에 없어진 것이 아마 텐트 밖으로 사라진 것 같았습니다. 아니면 다시 인간으로 돌아온 제 눈으로는 인간 영혼을 볼 수 없어서 제 옆에 있어도 알 수 없는 상태가 될 수도 있었습니다. 그런데 눈을 떴을 때부터 이상스럽게 몸이 너무 춥고 떨려서 이빨이 딱딱 부딪쳤습니다. '왜 이리 춥지' 하면서 침낭 속에서 몸이 새우처럼 구부려진 채 이빨만 딱딱거렸습니다. 열을 내기 위해 몸을 움직이려 해도 체온이 너무 내려가 몸이 얼었는지 꼼짝도 할 수 없었습니다. 시간을 알기 위해 왼 손목에 찬 시계를 보고 싶어도 도저히 왼 손목이나 얼굴, 발을 움직일 수가 없었습니다. 오른손으로 시계를 찬 왼손을 눈 쪽으로 가져와볼까 생각했지만 오른손도 마찬가지로 생각뿐이었습니다. 손가락 하나를 움직여보려고 애썼으나 손가락들이 조금도 구부러지지 않았습니다. 도저히 움직일 수 없는 것이 이대로 죽을 것만 같았습니다. 조금 전부터 위・아래턱은 멈추려고 해도 멈추지 않고 자동적으로 '딱딱' 이빨 부딪치는 소리만 냈습니다. 머릿속이 '딱딱' 소리로 가득 차니 이 세상이 온통 딱딱거리는 것 같았습니다.

어렸을 때 쥐약 먹은 쥐를 잡아먹은 우리 집 개의 죽음이 생각났습니다. 그 개도 쓰러져 이렇게 이빨만 딱딱거리다 죽었는데……. 저도 그 개처럼 이렇게 죽나 보다 하고 생각했습니다. 몸은 꼼짝 못하고 있어도 생각만은 날씨가 이렇게 추울 리가 없다고 느껴졌으나 제 몸의 체온은 조금도 따뜻해질 줄을 몰랐습니다. 지금 무섭거나 놀라서 몸을 떨고 있는 게 아니었습니다. 저에게 생긴 유체이탈(遺體離脫)로 체온이 이렇게 내려가는 수도 있는지 한번 짚어봐야 할 일입니다. 몸이 몹시 춥게 느껴졌습니다.

침낭 속에서 이렇게 한참을 떨고 있는데, 시간이 얼마만큼 지나자 이상하게 어느 한 시점을 기준으로 자연스럽게 체온이 조금씩 오르기 시작했습니다. 체온이 올라가면서 자연스레 손가락도 움직여지고 결국 손발도 다 움직이게 되었으나 몸은 그래도 아직 추운 편이었습니다. 한참 후 이래서는 안 되겠다 싶어 움직여서라도 열을 내야지 하고 일어나 텐트 밖으로 기어 나왔습니다.(책명 『인간과 하늘의 비밀』, 도서출판 훈맘, 2009.9.9. 출판. 발췌하여 신께 설명해드림)

"저는 눈 뜨고 기도하면 괜히 하늘과 신께 죄송해서 기도를 항상 눈 감고 하는데요. 눈 감고 기도할 때 멀리서 날아오는 신들의 속도까지 측정되고, 또 날아와 바로 앞 바위 위에 섰다가 제 앞에 앉는 걸 눈 감은 채로 다 알고 있는데, 그걸 어떻게 제가 눈 뜨고 보는 것처럼 주변 상황을 잘 알 수 있을까요?"

"그건 네 영적인 능력이자 초능력으로 생각하면 된다. 그리고 깊은 산속이나 위험한 곳에서 기도할 때는 위험한 순간에 방어도 해야 되니 그런 때는 눈 뜨고 기도해도 무관하나, 주변이 보이니 눈 감고 기도할 때보다 정신 집중이 잘 안 되는 단점이 있다. 기도는 정신 집중이 중요하니 눈 뜨고도 정신을 집중할 수 있도록 기도할 때마다 신경 써라."

"기도할 때 조그만 일회용 김을 꺼내 놓았는데 바람이 거세져 염려되었습니다. 그런데 눈 떠보니 센바람에 날아가지 말라고 신이 바위 위에 놓인 김 조각 위에 옆에 있었던 귤 세 조각이 붙어 있는 조그만 뭉치를 갖다가 올려놓아서 김은 센바람에도 날아가지 않고 모두 무사했는데, 이게 어느 신이나 다 가능한 일입니까?"

"신들의 몸은 비물질로 이루어져 있기 때문에 무게가 있는 것들을 움직이거나 들 수가 없다. 말이 비물질이지 아무것도 없는 것이나 진배없다. 그런데 이렇게 귤 세 조각을 비물질로 된 신이 옮겨 놓을 수 있다는 건 실로 대단한 능력이다. 이것은 아무 신이나 할 수 없다. 인간들이 볼 때는 귤 세 조각을 옮기는 게 아주 하찮게 보일지 몰라도 이것을 바꿔 말하면, 인간들이 자기 몸이나 아무것도 이용하지 않고, 귤 세 조각이 붙은 한 뭉치를 초능력을 이용하여 옮겨 놓는 것과 같다고 볼 수 있는데 실제로 인간들은 가능성이 거의 없다."

"여자 영혼이 텐트 속에 들어와 저한테 안기려고 했을 때 제가 안아주었다면, 제 머릿속에 여자 영혼이 들어와 함께 있게 되어 생각도 여자가 할 때도 있고 말도 여자가 할 때도 있습니까?"

"신이 다른 사람의 몸에 들어가고자 할 때 키에 맞춰 몸속에 들어가는 것이지, 머릿속에만 들어가 있는 것이 아니기 때문에 인간 머릿속에서 신이 생각하여 인간이 생각한 것처럼 만들 수가 없다. 신이 잠깐 인간의 몸속에 들어가 말하고 어떤 행동을 할 수는 있어도 인간 대신 생각도 하고 말도 오랫동안 할 수 없다. 신의 몸과 같은 인간의 영혼이 있다면 신처럼 그렇게 할 수는 있으나 머릿속에만 들어가 있을 수 없기 때문에 실제로 빙의는 인간 영혼과는 관련이 없다고 봐야 한다."

"빙의란 무엇입니까?"

“신들이 어떤 필요에 의하여 인간 몸속에 들어가 말과 행동을 하는 걸 빙의라고 하지만 오랫동안이 아니라 잠시다. 그리고 잠자다가 그런 일을 꿈꾸어서는 빙의가 안 된다. 그런데 혼자 산속에서 기도하다가 빙의되었다고 주변에 이상한 말이나 행동을 하는 사람은 실제로 정신 이상이 되어서 그렇게 언행을 하는 것이지 빙의되어서 하는 언행은 아니다. 빙의는 거의 기도하거나 굿을 하다가 될 수 있는데, 기도하는 사람이 빙의되는 것은 모두 다 신들이 신끼 있는 사람이 과연 점쟁이나 무당이 될 수 있는지 시험해보는 것이다. 또 점쟁이나 무당이 굿할 때 빙의되는 것은 신이 무언가를 표현하려고 하는 걸 점쟁이나 무당이 따라하지 못할 경우에 신이 그들의 몸에 들어가 말과 행동을 해줄 때가 있다. 그때 점쟁이나 무당 입에서 나오는 목소리는 신의 목소리도 아니고 그 사람의 목소리도 아니다. 단지 신의 표현으로 인하여 사람의 목소리가 변질되어 나오는 것뿐이다. 점쟁이나 무당이 굿할 때 필요에 의하여 신이 점쟁이나 무당 몸속에 잠시 들어갈 때는 보통 3분 내지 5분 정도 들어가서 어떤 말과 행동을 하는데 신의 말을 점쟁이나 무당이 따라서 하기가 어려울수록 더 많이 목소리가 변질되고 신의 행동을 따라서 하기가 어려울수록 행동도 더 어색하게 보이기도 한다. 신이 점쟁이나 무당의 몸속에 들어가 오래 있어야 할 필요가 있다면 좀 더 오래 있을 수도 있지만, 대체로 그렇게 오래 있을 필요가 없어서 오래 있지 않는다. 일반 사람들 중 신끼가 강하든지 약하든지 간에 신끼를 지닌 사람이 점쟁이나 무당이 될 수 있는지 시험해볼 때는 잠시 1분 정도 들어가 보는데, 때에 따라서 오래 들어갔다고 해봐야 3분 정도다. 그래서 모든 빙의는 모두 다 신들이 만드는

것이라고 보면 된다.”

“왜 꼭 점쟁이나 무당이 되려는지 시험해봅니까?”

“그건 바꿔 말하면, 우리 신들이 가르치고 도와주면 앞으로 신의 말을 알아들을 수 있는 사람이 될 것인가 하고 해보는 이 방식이 빙의이다. 즉 우리 신들의 말을 알아들어서 우리와 소통이 될 수 있는가를 판별하는 것으로 우리에게는 아주 중대한 일이다. 만일 인간들이 신의 말을 알아들을 수 없다면 어느 인간이든지 간에 아무 쓸모가 없다. 신을 볼 수 없고 말도 못 알아들으면 무슨 필요가 있겠느냐. 우리의 말을 알아들을 수 있는 사람이 인간사에서 사람들에게 도움을 주면서 할 수 있는 게 현재로서는 점쟁이, 무당이 되는 길이라서 그렇지, 예언자도 있고 성직자도 있지 않느냐. 이런 걸 모두 네게 설명을 하느라 그렇게 말한 것뿐이다. 그런데 신의 말도 알아듣지 못하는 무능한 인간들이 신의 말을 들을 수 있는 능력 있는 사람들을 무시하고 모욕하는 게 참 가관이다. 생각하면 할수록 괘씸하지만 그래도 우리 신들이 인간들을 차별 안 하고 잘 봐주고 내버려 두는 게, 우리가 인내심이 강하고 관대해서 그런다고 생각하기보다는 우리 신들은 원래 그러니 그런다고 생각해라.”

“저희 어머님이 돌아가신 후 2년 정도 지나 제가 시골 단독주택으로 이사를 했습니다. 저희는 추석이나 구정 이른 아침에 일어나 제사 준비를 빨리하기가 어려워서 전날에 다 씻어 놓고 어느 정도 준비해놓은 채 잠을 잡니다. 그러면 다음날 아침에 빨리 제사상을 차릴 수가 있습니다. 그런데 어머님이 돌아가신 후 3년이 지나 구정 새벽 여명이 되기 전이었는데 어머님이 오셔서

부엌에서 음식 준비를 하시는 것입니다. 아직 어둠이 가시지 않고 부엌에 불도 안 켜져서 컴컴하여 그릇들이 잘 안 보일 때입니다. 그런데 수돗물을 틀어서 물이 나오는 소리, 그 물에 그릇들을 씻고 헹구는 소리, 음식들을 접시에 담아 상 위에 접시 내려놓는 소리들이 크게 다 들립니다. 아내는 다른 방에서 자고 있고, 저는 부엌 바로 옆방인데 방문을 항상 열어놓고 지내니 평소에도 부엌의 소리가 다 들리는데 지금은 어머님이 음식을 장만하는 소리가 다 들립니다. 이 음식 장만하는 소리 때문에 제가 잠에서 깼습니다. 어머님이 오신 것입니다.

그런데 이상한 점은 어머님이 제사 음식 준비하는 소리가 아내가 평소에 음식 준비하는 소리보다 훨씬 더 크게 들린다는 점입니다. 야간이라 조용해서 주간보다 더 크게 들리는 게 아닙니다. 우리 집은 야간이나 주간이나 원래 조용합니다. 구정을 맞이하여 저희 집에 들르시는 조상님들께서 새벽닭이 울면 모두 가야 하니 그 안에 음식을 드시고 가시도록 어머님이 직접 오셔서 제사상 준비를 하는 것입니다. 우리 부부가 게을러서 이렇게 되었지요. 그런데 어머님한테 가서 도와드릴 수도 없고, 또 음식을 차리지 못하게 할 수도 없고, 하여간 제가 일어나 부엌으로 가면 오히려 어머님께 누(累)가 될 것 같아 여러 가지 장만하는 소리만 들으면서 그냥 누워만 있었습니다. 제가 갈 수 없는 가장 큰 이유가 조상님들에 대한 어머님의 효심을 깨지 않기 위해서입니다. 그래서 할 수 없이 돌아가신 어머님과 조상님들께 제가 불효자가 되었지요. 이때 어머님 영혼이 오신 게 맞는지요?"

"어머니 영혼이 있다면 올 수도 있다."

"어머님이 차리시는 제사 음식 소리가 아내가 차리는 평소 음식 소리보다도 훨씬 더 크게 들리는데, 이것은 제 체험으로 미루어볼 때 평소 사람들이 산길을 걸어갈 때 발자국 소리가 전혀 나지 않아도 어떤 존재가 내는 발자국 소리는 더 크게 들리는 걸로 보아, 영적인 소리가 실제 귀의 고막을 통해 듣는 물질적인 소리보다 더 크게 들리는 것 같은데요?"

"인간 영혼이나 신이나 그렇게 그릇을 들고 수도꼭지를 틀고 씻어서 음식을 담아 상 위에 차릴 수가 없다. 그것은 실제로 그렇게 하지 않고 영적으로 한 것이라 어머니 영혼이라고 꼭 확신할 수만은 없다. 인간의 영혼은 신보다 영적으로 낮고 또 신들도 영적으로 엄청 발달해야 그렇게 할 수 있기 때문이다. 만일 어머니 영혼이 아니라면, 누가 어떻게 영적으로 그런 소리를 냈는지, 또 신들도 영적인 소리를 듣기 어려운데 인간인 네가 어떻게 그런 소리를 크게 들을 수 있는지 그게 의아하다. 인간이 영적으로 우리 신들보다 더 발달할 수가 없을 텐데. 만일 인간 한 명이라도 신들보다 영적으로 더 발달했다면 그걸 어떻게 받아들여야 할지."

- 나의 견해(私見) -

신들은 신의 몸과 같은 검은 물질로 이루어진 인간의 영혼체를 영혼이라고 말하고 다른 색의 영혼은 없다고 말합니다. 그런데 사실 인간은 누구나 영혼(신소립자)과 영혼체가 있습니다. 인간 영혼체는 색깔이 있습니다. 그런데 인간의 영혼체와 신들의 몸은 우주상에서 서로 다른 비물질로 이루어져 있어서 서로가 볼 수 없습니다. 그런 점에서 생기는 착오라고 생각할 수 있습니다.

9. 지구의 또 다른 세계

1979년 늦은 봄 어느 날 저녁.

시내에서 친구를 한 명 만나 둘이서 맥주를 몇 병 마시고 헤어졌습니다. 술집 밖에 나오니 가로등이 다 켜져 있고 그 사이에 비가 조금 내려서 아스팔트가 약간 젖어 있었습니다. 술은 안 취했고 집까지 걸어갈 만해서 천천히 걸어가고 있었는데 갑자기 눈앞이 이상해졌습니다. 그래서 눈에 무엇이 들어가서 그런가 하고 걸으며 손으로 눈을 비비기도 하고 또 눈에 힘을 주고 떴다 감았다를 여러 번 반복해봐도 무언가가 이상했습니다. 주변 공간에서 미세한 진동이나 파장 같은 게 느껴졌습니다. 그런데 사실은 이게 제 머릿속의 신소립자에서 발생한 것이라 머릿속으로 느껴지는 것인데 이미 주변 공간이 바뀌고 있었기 때문에 그렇게 느껴졌던 것입니다. 그래서 주변을 쳐다보니 도로 옆 가로등이 조금 전 가로등과 달라서 훨씬 환했고 비가 내려서 젖은 아스팔트 도로도 비가 안 와서 건조한 상태로 되어 있었습니다. 가로등 자체가 조금 전 술집에서 나와서 본 그런 가로등이 아니라 디자인도 이상한 멋진 가로등으로 되어 있었고 더 이상한 것은 원래 도로 양옆으로 멀리까지 주택들이 가득했는데 이상하게 도로는 있는데 도롯가에 집 한 채도 보이지 않는 것이었습니다. '양쪽 도로 옆에 집들이 다 있었는데 왜 다들 어디로 가고 하나도 없지' 하고 생각하며 다시 살펴봐도 주택은 하나도 없고 도로 양옆으로는 모두 30cm 정도의 이름 모를 작은 풀들로 가득한데 간간이 다른 종류의 풀들이 그 위로 조금씩 솟아 있었습니다. 풀들 종류는 다양하지 않고 원래 한 종류인데 다른 풀이 어디서 날아왔는지 조금 섞여 있었고 풀들 이름은 모르겠습니다. 풀들은 봄에 새싹이 나온 후로 얼마 되지 않아 키가 거의 비슷했습니다.

제가 걷고 있는 도로 오른쪽 위로 돌아 올라가는 교차로가 있었는데 제 생각에 그 도로로 올라가면 위에는 비행장 활주로가 있는 것처럼 반듯이 멀리까지 대낮처럼 환하게 불빛이 넓게 보였습니다. 그런데 제가 서 있는 곳은 아래쪽이라 위의 상황을 볼 수가 없었지만 하늘 위에 비행기 이착륙은 안 보였습니다. 가로등 시설만 보더라도 현재보다 훨씬 더 발전해 있었습니다. 그런 디자인의 가로등이 우리나라에 없었습니다. 그런데 문제는 우리 집 쪽으로 가는 길 자체가 없어서 길을 도저히 모르겠습니다. 아무 방향이나 갈 수도 없었고 또 우리 집으로 가는 길을 도저히 찾을 수가 없었습니다. 그래서 더 이상 가면 안 되겠다 싶어서 온 길로 뒤돌아가야겠다 하고 돌아서 오는데 이상하게 다른 길로 빠져서, 술집에서 나와 지금까지 걸어온 도로가 아니라 다른 길로 오게 되었습니다. 태어나서 그때까지 한 번도 이사도 안 하고 계속 살아온 곳인데 우리 집은커녕 다른 집 한 채 보이지 않으니 찾지를 못하겠고, 알 수 없는 반듯한 직선 도로만 환하게 가로등이 비추고 있는데 문제는 길을 물으려고 해도 사람 하나 보이지 않고 택시를 타고 가려고 해도 택시나 트럭이나 차 한 대 보이지 않는 것이었습니다. 이대로 가다간 집에 못가고 이상한 데로 걸어가다가 다시 돌아오지도 못하고 이대로 죽겠다 싶어서 비행장 같은 곳에서 2km 정도 걸어오다가 가로등이 있는 도로 옆 경계석 위에 주저앉았습니다. 경계석도 잘 설치되어 있는데 이 경계석 너머가 밤이라 그런지 끝이 안 보이는 넓은 풀밭인데 그 안에 못 들어가게 하는 울타리가 하나도 없는 점이 이상했습니다. 이 도롯가에서 풀밭에 못 들어가게 하는 울타리가 없으니 그 반대로 풀밭이 끝나는 끄트머리 쪽에서 이곳으로 못 들어오게 하는 담장이나 울타리가 이 넓은 지역을 빙 둘러쳐져 있는지도 모르겠습니다.

술집에서 나와 다른 우주 세계로 들어가 비행장 같은 곳까지 갈 때까지 1km 이상을 걸었으니 오늘 밤 걸은 총길이가 3km 정도가 되고 1시간 30분 이상을 걸은 것 같았습니다. 제 몸의 진동이나 파장이 상당히 오래 유지되었습니다. 도로포장은 아스팔트로 잘 되어 있었습니다. 여기까지 멀고 넓은 지역 안에 집 한 채가 보이지 않으며 도로가 좋고 못 보던 가로등이 환하게 켜져 있는데 차 한 대, 사람 한 명 보이지 않고, 현재 제가 돌아다니고 있는 이곳이 마치 어떤 특별한 장소로 출입금지구역 안인 것 같다는 느낌을 주었습니다. 그런데 출입금지구역이라면 있어야 할 경비원이나 CCTV도 전혀 보이지 않았습니다. 물론 이 CCTV는 그 당시 전 세계가 다 사용하지 않을 때지만 군부대나 어떤 출입금지구역 같은 비밀지역은 암암리에 사용할 수도 있었을 겁니다.

이곳은 넓은 초원과 집 한 채 없이 도로만 있는데 그 도로는 상태가 아주 좋았고 도로 폭도 2차선 치고는 넓었으며 모든 도롯가에 경계석이 잘 놓여 있었습니다. 더 이상 걸으면 안 될 것 같고 어떤 시간을 기다려야 할 것도 같아 경계석 위에 앉아 기다리다가 잠깐 잠잔 것 같은데 이상해서 눈을 뜨니 차 클랙슨 소리가 들리고 차들과 인근 공장에서 늦게 퇴근하는 사람들이 제 앞에 다니고 있었으며 잠자기 전까지도 없었던 도로 양옆으로 주택들이 쭈욱 늘어서 있었습니다. 공장들이 호황기를 누려 잘 돌아갈 때라 공장마다 2교대, 3교대를 하여서 교대한 근로자들이 일 마치고 퇴근할 때였습니다. 일어서서 출발하기 전에 제가 앉았던 경계석을 보니 제가 경계석에 앉아 쉰 것이 아니라 아예 경계석이 없고 바로 도로 옆에 있는 주택에서 조그만 텃밭 가장자리를 표시하기 위하여 약간 큰 돌덩이들을 놓은 것 위에 걸터앉아 잔 것입니다. 이 도로는 그냥 평평한 아스팔트 바닥이었는데 잠자기 전에 걸으면서 보았던 다른 세계의 도로보다 상태가 훨씬 안 좋았습니다. 그 후 30분 이상 걸어 집에 도착하니 그 시간이 밤 10시가 조금 넘었습니다. 그 후 수십 년 동안 주변을 찾아봐도 전에 보았던 비행장 아래 가로등이 켜져 있었던 도로와 비슷한 곳은 찾을 수 없었습니다.

두 번째는 2006년 초여름에 발생한 일입니다. 평소 잘 아는 사람이 저녁 식사를 함께하자고 하여 음식점에서 둘이 만났습니다. 저는 그 당시 아파트에 살았는데 아파트의 조그만 샛문에서 200m도 안 떨어진 가까운 음식점에서 만나 식사 겸 맥주를 마셨습니다. 동석자가 서울 사는데 지금 가야 할 시간이라 익산역까지 택시 타고 가야 하니 급히 나가야겠다고 하여 밤 9시 정도에 헤어졌습니다. 그래서 집으로 혼자 걸어오는데 바로 뒤에서 사람들 이야기 소리가 들려서 쳐다보니 사람들이 걸어오고 있었습니다. 신호등도 없는 이 작은 사거리에서 오른쪽으로 돌아 30m 정도 가면 도로 건너 왼편에 제가 사는 아파트의 조그만 샛문이 있었습니다. 이곳은 도로 양쪽으로 인도와 아파트 단지만 있고 수십 미터 떨어진 주변에는 노래방, 음식과 술을 파는 상가들이 있어서 자정까지도 사람들이 다소 다니는 편이었습니다.

사거리에 도착해 오른쪽으로 방향을 틀면서부터 뭔가가 이상했습니다. 주변이 진동하는 것처럼 약간 흔들렸습니다. 제가 술 취했나 하고 앞을 보았을 때는 이미 다른 도로였습니다. 앞에 처음 보는 길이 펼쳐져 있었습니다. 그래서 뒤를 돌아다보니 조금 전에 제 뒤에 따라오던 사람들도 보이지 않고 뒤쪽 도로도 제가 방금 지나온 도로가 아니었습니다. 현실에서는 도로 양쪽이 모두 15층 정도의 아파트 단지인데, 왼쪽 30m 앞에 우리 아파트로 들어가는 조그만 샛문이 없는 게 아니라 아예 도로 양쪽으로 아파트 단지가 하나도 없고 2층의 흰색 판잣집들이 쭈욱 늘어서 있었습니다. 다른 색의 판잣집은 하나도 없고 모두 흰색 페인트를 칠해 색깔이 통일돼 있었고 또 1층으로 된 집은 아예 없고 모두 2층으로 되어 있었으며 지붕의 높낮이나 디자인은 조금씩 달랐는데 지붕은 기와나 벽돌은 하나도 보이지 않고 모두 목재로 되어 있었습니다. 판잣집들은 주로 새집보다는 건축한 지 좀 된 집들이었습니다. 더구나 양쪽 도로 가장자리는 현실에서는 아파트 주변이라 경계석이 놓여 있어서 보행자 인도와 차도가 구분되어 있었는데, 현재 제 눈에 보이는 이 도로는 그런 게 하나도 없이 도로 양쪽은 판잣집 벽 아래까지 모두가 아스팔트 도로로 가득 차 있었는데 도롯가에 차선이나 도로 중앙에 중앙선이 아예 없었습니다. 현실에서는 원래 가로등이 도로 양쪽으로 환하게 켜져 있었는데, 지금 이 도로는 가로등 하나 보이지 않고 하늘 아래 보이는 환경이 이른 새벽 같았습니다. 뒤를 돌아다봐도 앞과 비슷한 풍경이었고 앞이나 뒤나 사람 한 명, 차 한

대 보이지 않고 사람 소리나 어떤 소리든지 하나도 들리는 게 없었습니다. 건축물로만 볼 때 제가 살던 아파트 단지보다 문명이 뒤떨어지는 것 같았고 이런 경치는 우리나라에는 없는 풍경이었습니다. 그런데 이상한 점은 도로에 중앙선이 없고 인도가 따로 없는 걸로 보아 차들이 자발적으로 교통법규를 지키면서 잘 다닌다든지 아니면 차가 없을 수도 있는데 없다면 도로는 왜 아스팔트로 포장을 해놓았는지 아니면 주민들 편의상 해놓았는지 그것은 알 수가 없었습니다. '이대로 앞으로 걸어간다면 어디로 간단 말인가?' 하면서 생각하는데, 이때 갑자기 '이대로 걸어가면 영원히 집으로 돌아올 수 없다'는 생각이 들었습니다. 그래서 잠시 도로 옆에 서 있다가 아무래도 오래 있어야 할 것 같아 그 자리에 쭈그리고 앉았습니다. 그러다가 '지나가는 사람이나 차 한 대도 안 보이니 아예 편히 쉬자' 하고 도롯가 한쪽 바닥에 주저앉아 눈을 감고 있었습니다. 그러면서 전에도 있었던 이런 비슷한 상황을 떠올리며 생각하고 있는데 갑자기 어느 시점에서 주위가 소란한 것 같아 눈을 뜨니 제가 잠깐 졸은 것 같았습니다. 승용차가 지나갔고 폭이 5m나 될까 하는 도로 건너 바로 앞에 20대 후반이나 30대 초반으로 보이는 여성 4명이 지나가다가 저를 보고 깜짝 놀라 "방금 저기에 사람이 없었는데" "어디서 왔나" "귀신인가" "빨리 가자. 무서워" 하고 자기네끼리 말하면서 자꾸 저를 쳐다보며 무서운 귀신을 본 것처럼 갑자기 빠른 걸음으로 도망가듯이 지나가서 저도 '이 자리를 빨리 피해야겠다' 하고 얼른 일어났습니다. 모든 것이 불안했지만 원래대로 돌아와서 마음이 안정되고 편했습니다. 바로 앞쪽 가까이에 있는 아파트의 조그만 샛문으로 해서 집으로 돌아왔습니다.

세 번째는 2014년 겨울이었습니다. 제가 이사해서 촌의 단독 주택에 살다 보니 겨울에 추워서 목욕을 할 수가 없어서 인근 읍의 목욕탕으로 다녔습니다. 그동안 술 한 방울도 입에 안 댄 지가 5년도 넘었습니다. 제가 갔던 목욕탕은 지하 1층에 있었습니다. 오전 10시 반 정도에 온탕 속에 몸을 담그고 벽시계를 바라보며 지루하게 30분을 채웠습니다. 이 방법은 제가 목욕할 때마다 인내력을 키우고 몸 안의 노폐물을 빼내고 때도 불린다는 미명 하에 사용하는 방법이었습니다. 물이 뜨겁지만 그래도 15분 이상 있어야 이마의 땀방울이 이리저리 흘러내렸습니다. 주위에 목욕하는 사람들이 제법 있어서 목욕탕 안에는 사람들 이야기 소리가 여기저기서 들렸습니다. 온탕에서 나와 냉탕 쪽으로 갔습니다. 심장마비 예방 차원에서 찬물을 떠서 몸에 몇 번 끼얹어도 체온이 식지 않아서 냉탕으로 들어가 몸을 5~7초 정도 찬물에 담갔어도 열이 났지만 찬물 속에 오래 있으면 심장마비라도 올까 걱정되어 얼른 일어났습니다.

그런데 문제가 생겼습니다. 몸을 일으켜서 앞을 보니 컴컴해서 하나도 보이지 않고 아무 소리도 들리지 않는 것이었습니다. 어느 깊은 지하나 동굴 속에 와 있는 것 같았습니다. 어딘가를 도저히 모르겠습니다. '어딘데 이렇게 아무것도 보이지 않고 아무 소리도 들리지 않는가' 하고 이상하게 생각하고 있었습니다. 무엇이 보이나 앞만 뚫어지게 쳐다보고 있었습니다. 긴장 속에 '출구를 찾아야 하는데, 출구를 못 찾으면 큰일인데' 하면서 계속 되풀이되는 생각으로 앞만 바라보면서 무슨 소리가 어디서 들리나 하고 귀를 쫑긋하고 서 있었는데 시간을 잴 수는 없었지만 1분은 넘은 것 같았습니다. 출구 빛은커녕 아직도 온통 컴컴해서 아무것도 보이지 않았습니다. 빛 하나가 없었습니다. 아무 소리도 안 났습니다. 천장에서 물 떨어지는 소리가 하나도 안 들렸습니다. 목욕탕을 갈 때마다 항상 오늘과 같이 온탕에서 30분 정도 있다가 냉탕에 들어가곤 했는데 이런 일이 오늘 처음으로 생긴 것입니다. 지금 제가 시력과 청력을 잃은 것인가 아니면 또 순간적으로 이상한 다른 세계에 들어섰는가 하는 점 때문에 몹시 불안했습니다. 이번에는 시력과 청력뿐만 아니라 냉탕물 온도도 느낄 수 없어서 물속에 있는 것조차 잊은 채 서 있었고, 옷을 입고 있나 안 입었나는 신경도 쓰지 않아서 모르겠습니다. 이대로 앞으로 한 발도 나갈 수 없었습니다. 앞이 하나도 보이지 않으니 앞으로 나가기가 두려웠습니다. 공포를 느꼈습니다. 제가 지금 다른 세상에 와 있다면 함부로 앞으로 나가다가 수직동굴 같은 곳에 빠질 수도 있다는 생각에 앞으로 나가면 안 되겠다고 생각했습니다. 그렇게 서 있는 채로 아무리 눈을 크게 떠보고 또 눈에 힘을 잔뜩 줘보고 해도 보이는 건 하나도 없고 양쪽 손을 두 귓바퀴에 대고 소리를 크게 들어보려고 해도 아무 소리도 들리지 않았습니다. 한참 있다 보니 어느 시점에서 갑자기 '아! 내가 목욕탕에 있었는데' 하고 생각이 났습니다. 그때까지 너무 긴장한 탓인지 아니면 그런 걸 도저히 기억할 수 없는 그런 상황이었는지 냉탕 속에 있는 것조차 몰랐습니다.

온탕 속에 오래 있다가 나와서 냉탕에 들어가 시신경, 청각신경에 이상이 생겨 보이지도 않고 들리지도 않으나, 다른 차원에 들어가서 앞이 안 보이고 아무 소리도 안 들리나 둘 다 큰일이지만 '물속에 다시 들어갔다가 나와서도 앞이 안 보이고 안 들리면 그때 다시 생각해보자' 하고, 다시 물속으로 얼굴이 들어가면서도

'들어갔다가 나와서도 달라진 게 없으면 더 큰일인데……. 에이! 이판사판이다' 하고 생각하며 허리를 굽혀 물속에 몸이 들어갔다가 5초 정도 지나서 나오니 앞에 전등불들이 환하게 켜져 있고 사람들이 다 보였으며 대화 소리도 여기저기서 다 들렸습니다. 이상한 점은 일시적으로 시력과 청력을 잃었다면 냉탕에서 몸을 일으켰을 때 차츰차츰 앞이 보이기 시작한다든지 소리가 잘 안 들리다가 차츰차츰 크게 들린다든지 해야 할 것 같은데, 그게 아니고 얼굴이 찬물 속에 들어갔다가 나오자마자 당연히 조금 전에 그랬던 것처럼 환하게 전등이 켜져 있고 사람들 대화 소리가 잘 들렸으니 이걸 무어라고 말할 수도 없었습니다. 목욕탕에 함께 가서 제게 신경 쓴 사람이나 있어야 '조금 전에 내가 보였어? 안 보였어?' 하고 물어볼 텐데 물어볼 사람도 없어서 확인은 못 했습니다.

네 번째는 2022년 1월 3일(월) 밤늦게 안방에서 잠을 잤습니다. 깊은 잠이 드는 순간 진동을 느끼면서 주변이 이상해지는 걸 느껴서 '아! 또 다른 세계로 들어가는구나.' 생각하고 바로 눈을 뜨는 순간 이미 다른 세계로 들어갔습니다. 이때는 약한 진동 속에 마음속에 안개가 끼는 것처럼 느껴졌습니다. 안개가 끼는 것처럼 느낀다는 것은 무언가가 희미하게 끼면서 약한 바람에 흔들리는 것 같아서 그렇게 표현한 것이지만 달리 말하면 진동에서 발생하는 파장이 다른 우주 세계에 정확하게 동조시키는 겁니다. 잠을 잤던 우리 집 안방인가 하고 눈을 뜨고 두리번거리니 우리 집 안방이 아닙니다. 우리 집 안방 바닥은 엷은 갈색 장판이 깔려 있는데 현재 이 바닥은 넓이도 안방보다 훨씬 더 넓고 바닥이 온통 하얀색으로 덮여 있었습니다. 그래서 하얀색 타일인가 하고 보니 타일도 아닙니다. 사각형 타일 같은 걸 바닥에 여러 장 붙인 게 아니라 이 넓은 바닥 전체가 한 장으로 된 흰색 타일 같은 걸로 이루어져 이음매 하나 없고 다른 색 하나 없이 온통 하얐습니다. 그런데 이상한 점은 이런 바닥이 물렁거리지는 않고 고체라 약간 단단해야 되는데 단단한 것 같지도 않고 또 차지도 따뜻하지도 않고 누워 있는 제 바로 머리 위에 좌변기가 놓여 있어서 화장실인 줄 알았습니다. 즉 제 머리가 좌변기 바로 아래에 있었습니다. 우리 집 안방이 다른 세계의 집에서는 화장실이라니 참으로 어처구니없는 일이었지만 어쩔 수 없이 누운 채 두리번거리니 좌변기 너머 하얀 바닥은 샤워기는 물론 아무것도 없이 마치 운동하는 곳처럼 넓었으나 운동기구가 하나도 보이지 않았습니다. 용도를 모르겠습니다. 그런데 이때 밖에서 무엇인가가 급히 들어오려고 하는 것이 느껴졌습니다. 아마 이 집주인일 수도 있고 개 같은 짐승일 수도 있고 또 둘이서 함께 들어올 수도 있을 거라는 생각이 들었습니다. 하여간 '들켜서는 안 된다'는 생각에 '빨리 빠져나가야겠다.' 하고 급히 마음먹으니 누운 채 다시 우리 집 안방으로 돌아왔습니다. 제가 잠들 때처럼 그대로 베개를 베고 누워 있었습니다. 되게 다급해서 그랬는지는 몰라도 이번에는 다른 세계에서 돌아오는 것이 제 마음대로 되었습니다. 그런데 문제는 다른 세계에 제 의지대로 들어갈 수가 없이 저도 모르는 사이에 엉겁결에 들어가게 되니 그게 걱정입니다. 다른 세계에서 제 마음대로 돌아온 것이 이번이 처음인데 네 번째 하다 보니 조금 발전한 것 같았습니다.

"신이시여! 인간들 학문 중 물리학의 양자 역학에서 가설 중 하나로 '다중우주'가 있는데 제가 직접 겪은 것들이 다중우주나 평행우주 속으로 들어갔다가 나온 건 아닌가 하는 생각을 해봅니다. 아니면 다른 차원 속의 세계를 다녔다고 볼 수도 있는데 시간 여행은 아닌 것 같습니다. 이 문제에 대하여 어떻게 생각합니까?"

"네 말뜻은 아는데, 우리는 인간 같은 몸이 아니어서 그런 세계를 보았다든지 들어가 보지 않아서 모르겠다. 우리 신들끼리 이야기인데 우리 뇌가 인간의 뇌와 달라서 그런지는 모르겠지만 인간들은 생각 하나로 우주 하나를 만드는 걸 보면 역시 인간 뇌가 대단하긴 대단하다고 말들 한다."

- 나의 견해(私見) -

지금까지의 이야기에서 공통점은 먼저 어떤 진동이 느껴지면서 주변의 환경이 바뀌어진다는 겁니다. 그리고 그쪽 세상으로 들어가 지금까지 네 번 모두 생명체를 하나도 목격하지 못했습니다. 사람은 물론 어떤 생물체도 만나지 못했습니다. 그런데 사실 이게 행운인 것도 같습니다. 다른 세계(다중우주, 평행우주)는 들어가 보고 생명체를 못 만났으니 얼마나 다행인지요. 만일 생명체를 만났다면 어떤 일이 발생했을지 모르지요.

첫 번째와 두 번째 이야기에서 공통점은 현실 도로나 다른 세계의 도로나 위치가 거의 같거나 비슷하다는 점입니다.

세 번째 이야기에서는 현실의 지하 목욕탕이나 다른 세계 속에 제가 있는 곳이나 다 동일하게 지하라는 점입니다.

네 번째 이야기에서는 안방이나 다른 세계의 건물 안의 화장실이나 건물들도 위치가 비슷해서 서로 겹쳐있는 것 같은데 이런 공통점들이 이상했습니다. 우리 인간이 도로와 건물들을 먼저 만들면 우리와 서로 통하는 것처럼 다른 세계의 고등생명체들이 대개 그 위치에 도로와 건물을 짓는 것인지 아니면 그 반대로 다른 세계에서 도로를 내고 건물을 먼저 지으면 우리가 뒤따라 그렇게 한 것인지 그건 모르겠으나 어찌 되었든 우주상의 고등생명체들은 서로 통하는 면이 있는 것 같습니다.

한 가지 더 이상한 점은 같은 한 도시 안에서 첫 번째 다른 세계와 두 번째 다른 세계의 시대가 완전히 서로 다른 것 같다는 점입니다. 건설적인 문명이 서로 달라서 제가 들어갔던 곳들이 서로 다른 우주 세계인지 아니면 하나의 세계인데 앞과 뒤가 서로 시대가 다른 것인지 그건 모르겠습니다. 첫 번째의 도로와 가로등이 두 번째에서는 없었고 또 두 번째의 하얀 판잣집들보다도 첫 번째에서 건축물은 못 보았지만 도로와 가로등만 보아도 문명이 더 앞서 있는 것 같았습니다. 이렇게 시설물로 비교해볼 때 완전히 달라서 서로 다른 우주 같았는데 이렇게 우주도 겹쳐서 지구에 우리 인류 외에 다른 세계가 여러 개 있는 것은 아닌가 하는 의문이 듭니다. 달리 생각해보면 우리 외에 다른 세계가 하나가 있으나 몇 개가 더 있으나 그런 곳에 들어갔다가 나오는 제 입장에서는 마찬가지입니다.

제가 죽을 때까지 할 수 있을지는 모르겠지만 이걸 더 훈련해서 제 의지대로 다른 세계로 들어가고 나오는 수준으로 만들어야 마음 놓고 들어가고 나오고 하지 그런 수준이 못 되면 다른 세계에 들어가서도 함부로 돌아다녀서는 안 될 것이란 생각이 듭니다. 무엇을 만날지 모르니까요. 이게 제 의지, 제 의식대로 된다면 제 스스로 미래와 과거 어느 시대든지 시간 여행을 갈 수도 있을 겁니다. 우주의 다른 세계를 드나들거나 다른 시대를 드나들거나 저에게는 마찬가지입니다.

다른 세계로 들어갈 때는 아주 약하고 기묘한 진동 같은 게 느껴집니다. 그런데 이 진동이 몸에서 발생하는 게 아니라 뇌 속의 신소립자가 제일 먼저 그 역할을 합니다. 그럼 몸이 그에 따라서 진동 상태에 진입하여 그 짧은 시간에 다른 세계로 들어가는데 실제로 몸은 그 자리에 있습니다. 그런데 다른 사람들의 눈에는 보이지 않으니 진동이 일어나면서 몸의 밀도가 가스처럼 엷어져서 그런 것 같습니다. 그런데 문제는 그 짧은 순간에 근육과 뼈 모두가 가스처럼 엷어졌다고 해도 이해가 안 가고 주변 사람들이 알 수 없게 다르게 변화했다고 해도 이해가 안 가는 건 마찬가지입니다. 순간이라면 순간이고 길어야 아주 짧은 시간인데 그 사이에 제 몸이 어찌 되어서 보이지를 않다가 또 진동을 되찾으면서 다시 사람 모습으로 나타나는 걸 보면 우리 뇌 속에 있는 신소립자는 우리 몸을 이렇게 저렇게 순간적으로 변화시킬 수 있는 엄청난 능력을 지니고 있는 것인지 아니면 우주 창조주의 어떤 법칙을 제가 피상적으로 조금 알고 있는 것인지 이것도 궁금합니다.

신소립자의 수는 우주에 얼마나 많은지 가히 상상할 수도 없는데 모두가 다 자각력, 능력 등 여러 면에서 서로가 다 달라 고유성을 지니게 되어 진동이 모두 다릅니다. 제 몸을 다른 세계로 들어갔다가 나오게 만드는 이 진동은 제 머릿속에 있는 신소립자에서 발생하는데 이 진동을 제 마음대로 조절할 수 있다면 다른 세계에 의식적으로 들어갔다가 나오는 일들이 다 해결될 것입니다. 그런데 다른 세계에 들어갔다가 나올 때까지 이 진동이 그대로 유지되면 그 세계에 남고 이 진동이 유지되지 않는다면 바로 이 세계로 돌아오는 걸 의미합니다. 다른 세계에서 이 진동이 변화를 가져와 이 세계로 돌아온다는 건 참으로 다행스러운 일입니다. 이런 아주 미미하고 미약한 이 진동이 제 온몸을 이끌고 다른 세계로 들어갔다가 나오는 걸로 미루어 신소립자의 일개 기능인 이 진동이야 말로 실로 엄청 대단한 것이란 생각이 듭니다. 역시 우주 창조주는 말로 다 할 수 없습니다.

다른 세계에 들어갔다가 나오는 것 자체가 일종의 상위 차원의 과학입니다. 우주 창조주를 대신하는 위대한 신들은 거리낌없이 어느 우주든 어느 세계든 다 다닐 수 있을 겁니다. 우리 인류는 이런 세계를 알지 못하고 못 느끼고 있지만 우주 시공간의 물질세계의 어느 좌표에서는 존재하고 있을 것입니다. 현재로서는 알 수 없지만 물질세계의 어느 좌표에 존재하지 않는다면 제가 들어갈 수도 없고 또 들어갔다고 해도 나올 수가 없을 수도 있겠지요. 하여간 아직은 요원하지만 먼 미래에 지구의 과학이 발달하다 보면 이런 세계들이 과학적으로 밝혀지게 될 것입니다.

10. 우주 음악

2019년 10월 어느 날. 오후 3시가 넘어 방 안에 들어가 잠깐 서서 TV를 시청하고 있는데 TV에서는 참석자들이 이야기를 하고 있었고 여느 다른 패널 토의와 같이 배경음악이 전혀 없이 대화가 오갔습니다. 그런데 갑자기 어디서 음악 소리가 들려왔습니다. 소리가 크지도 않은데 힘이 강력하게 느껴졌습니다. 지금 제가 듣고 있는 이 음악은 집 주변 어디서 들려오는 것도 아닙니다. 우리 집은 단독주택인데 이사 온 후 지금까지 몇 년간 다른 집들에서 들려오는 음악 소리를 한 번도 들어본 일이 없습니다. 저는 음악에 조예가 없지만 이건 비트, 강력한 비트, 너무나 강력한 비트입니다. 그런데 이 비트가 바로 옆 어디서 나는 것 같은데 어디서 나는가를 전혀 모르겠습니다. 비트가 이렇게 강력하게 곡들을 조합할 수 있나. 음악 소리가 커서 그런 게 아닙니다. 음악 소리가 조그맣게 조용히 들려오는 건 아니지만 귀청이 터질 듯한 큰소리도 아닙니다. 조금 크다고 생각했지만 이건 제 기준인데 영적으로 들으니 더 크게 들리는 것 같습니다. 곡이 마치 노래처럼 위아래로 오르락내리락하는 음악인데 한 번도 들어보지 못한 음악입니다. 그런데 문제는 비트 소리에 따라 제 심장의 박동이 차츰차츰 크게 뛰는데 그래도 비트 음악은 멈추지 않고 제 심장의 박동 소리를 더욱 크게 만듭니다. 그렇다고 비트 소리가 계속 커지는 것도 아닙니다. 그런데 문제는 비트 음악의 곡이 강렬하게 올라가면서 그 곡 따라서 심장의 박동 소리가 자꾸 커지다 보니, 심장이 계속 커져 더 이상 커질 수 없는 상태가 된 것입니다. 이제 심장이 안 터지고 버티는 일만 남았는데 음악은 곡이 계속 더 올라가면서 강렬하게 나옵니다.

'아, 아, 아, 이러다간 심장이 터져 죽겠다.' 그러면서 한편으로 음악이 멈추겠지 했는데 그게 아니었습니다. 계속 음악이 들려오는데 어디서 나오는지를 모르겠습니다. 제 머릿속에서 들리나 바로 옆에서 들리나 바로 위에서 들리나 도저히 구분할 수가 없습니다. 위치를 어디라고 정할 수 없도록 전혀 모를 그 어디선가 그냥 들릴 뿐입니다. 음악의 곡이 강렬하게 조금씩 더 올라가면서 심장은 그만큼 버티기가 힘들어집니다. '아, 내가 지금 귀로 듣는가 다른 어디로 듣는가.' 안테나 역할을 하는 곳이 인체의 어디인지 모르겠습니다. 아! 이러다간 심장이 터져 죽을 것만 같았습니다. 더 이상 음악을 못 듣겠습니다. 아니 들을 수가 없습니다. 심장이 더 이상 버티지 못하고 터질 것만 같습니다. 이마와 손바닥, 발바닥에서 식은땀이 나더니 결국 등이랑 온몸에서 다 납니다. 이런 상태로 접어드니 머리나 몸 상태도 이상해졌습니다. 이러다 갑자기 쓰러지면 몸을 벽이나 어디에 부딪쳐서 크게 다칠 수 있으니 미리 앉자 하고 방바닥에 주저앉았는데 사실 두 다리도 힘이 빠져 서 있기도 힘들었습니다. 그러면서 '아, 비트 음악이 어서 그만 멈췄으면' 하고 생각했습니다. 제가 음악이 그치기를 바라는 그 마음이 텔레파시로 나가서 하늘이 즉시 제 생각을 들었는지 그 순간에 기가 막히게 음악 소리가 일시에 멈췄습니다. 음악 소리가 차츰차츰 작아지는 게 아니라 일시에 멈춰서 '아, 살았다. 이 기쁨' 동시에 심장은 음악을 듣기 전으로 돌아와 예전처럼 뛰었습니다.

저는 그때 처음으로 음악이 인간의 심장을 터트려 죽일 수가 있다는 걸 비로소 알게 되었습니다. 음악 중에서도 비트 음악이 이렇게 무섭다니.

'왜 하늘은 이런 음악을 저에게 들려주었을까요, 하마터면 심장이 터져 죽을 뻔했네'

이 비트 음악은 다른 상위 차원에서 나온 것으로 제가 그 후 2020년 2월 4일(화) 새벽 5시 정도에 우주여행을 달로 나가기 전에 심장의 고동 소리를 듣는 것이 필수적인데 이 심장의 고동 소리를 잘 들으라고 크게 만들어 미리 도움을 준 것 같다는 생각이 듭니다. 우주 창조주님! 고맙습니다.

2020년 1월 16일(목) 03시 30분 정도.

갑자기 음악 소리가 들려왔습니다. TV가 켜져 있나 얼른 눈을 뜨고 쳐다보니 방 안은 컴컴했습니다. 가족과 함께 자고 있었는데 음악 소리에 안 깨고 자고 있는 걸로 보아 이 음악이 저에게만 들려오는 것 같았습니다. 왜냐하면 가족이 저보다 소리에 더 민감해서 조그만 소리에도 잠이 잘 깨는데 지금은 잠을 안 깨고 잘 자고 있어서 이상하다는 생각이 들었기 때문입니다.

처음에는 음악 소리가 오르락내리락하면서 제가 알 수 없는 어떤 노래 같았고, 오르락내리락할 때는 음계가 뒤죽박죽 소리가 길고 짧고 하던 것이 차츰 곡들이 자리를 잡았는지 오음으로 변해 갔습니다. 곡들이 위에서 아래로 오음계로 되어 계속 반복되었습니다. 예를 들어 라 솔 파 미 레가 있다고 하면 오음에서 가장 높은 첫 음계를 '라' 하고, 다음은 '솔', 다음은 '파', 다음은 '미', 다음은 '레'인데 정확히 이 음들은 아니지만 예를 들면 그렇다는 것입니다. 그러더니 위에서부터 아래로 곡이 오음으로 나왔는데 사실 '라'에서 시작한 것은 제가 예를 든 것이고, 어떤 음계에서 시작했는지는 모르겠지만 차츰차츰 내려왔습니다. 위에서 시작한 첫 음계에서 아래로 내려오면서 음계와 음계 사이가 아주 조금씩 길어졌습니다. 이건 소리가 없는 쉬는 시간입니다. 그러면서 위에서 아래로 내려오는 음계 박자 또한 조금씩 길어졌습니다. 두 번째 오음이 나올 때는 음계 사이사이 쉬는 시간도 조금씩 길어지고 박자 또한 조금씩 길어졌습니다. 세 번째는 첫 번째에서 두 번째 나오는 시간보다 조금 더 길어지고 박자 또한 조금 더 길어졌습니다. 네 번째는 세 번째보다 음계 사이사이나 박자 또한 더 길어졌습니다. 오음이 나올 때마다 이런 식으로 계속 음계 사이사이가 조금씩 더 길어졌고 박자 또한 조금씩 더 길어져 갔습니다. 이렇게 해서 오음계를 7번 정도를 한 후 사라졌습니다.

그런데 이 소리는 타악기나 현악기 또는 피아노, 입으로 부는 악기, 휘파람 소리도 아니었고 바람 소리도 아니었지만 그래도 입으로 부는 악기 소리가 그중에 가장 와 닿을 것 같습니다. 하여간 정확히 뭐라고 말할 수 없는 소리인데 저는 그냥 입으로 오음계 따라 '딩 딩 딩 딩 딩' 하면 단순하고 간단한 곡이지만 마음이 가라앉아 편해집니다.

2021년 3월 30일(수).

이른 아침에 전화가 와서 벨이 크게 울렸습니다. 자다가 깜짝 놀라 눈을 떴는데 유선 전화기 벨 소리였습니다. 그래서 집 응접실에 한 대 있는 유선 전화기 벨 소리가 울리나 했는데 우리 집 전화기 벨 소리와는 확연히 다르고 그렇다고 제 휴대폰 소리도 아닙니다. 다른 집에서 나는 전화기 벨 소리가 지금까지 작게라도 들려온 적이 없었고 더군다나 이렇게 크게 들릴 수는 도저히 없는 일입니다. 우리 집 전화기 벨 소리가 유달리 큰 편인데 우리 집 전화기 벨 소리보다 더 크게 들렸습니다. 영혼이 영적으로 들으면 원래 집에 있는 유선 전화기 벨 소리보다 더 크게 들려서 그러나 싶었습니다. 지금까지 영적으로 나는 소리는 무엇이든지 원래의 것보다 더 크고 더 선명하게 들렸습니다. 그래도 가족은 모르고 자고 있습니다. 저에게만 들리는 소리입니다. 그런데 문제는 벨이 울리고 있는 전화기가 있는 정확한 위치를 모르겠습니다. 한참 울리다가 스스로 멈췄습니다. 다른 차원에서 나오는 소리는 어떤 소리든지 그렇게 나오고 또 그렇게 사라지듯이 전화기 벨 소리도 그렇게 되었습니다. 그런데 우주의 음악 소리치고는 전화벨 소리라 좀 의아했습니다. 음악 소리도 아니고 우리나라에서 오래전에 다들 사용했던 유선 전화기의 단순한 '따르릉' 소리였습니다.

2022년 2월 5일(토).

새벽 2시경 잠자기 위해 누웠습니다. TV와 전등도 끄고 잠을 청했습니다. 잠이 깊이 드는 순간 어디서 나타났는지 갑자기 벌떼들이 나타나 어찌나 크게 '윙윙'거리며 방 안을 날아다니는지 깜짝 놀라 깨서 쳐다보니 컴컴해서 날아다니는 벌들뿐만 아니라 아무것도 보이지 않았습니다. 처음에는 천장 한쪽이 구멍이라고 나서 그 안에 살고 있는 벌떼들이 나왔나 했습니다. 아니면 밖에서 문을 통해 방 안으로 날아 들어왔나 하고 생각도 해봤는데 이건 더욱 어려운 일이었습니다. 창문 밑으로 나 있는 구멍으로 한두 마리가 들어올 수는 있어도 이렇게 많은 벌떼가 들어오기는 어렵고 천장 구조상 벌떼들이 천장 속에서 살 수도 없을 거라는 생각이 들었습니다. 그런데 어떻게 이렇게 많은 벌들이 이 방 안에서 날아다니나. 그것도 방 안을 나는 소리를 들으며 크기를 가늠해보니 꿀벌보다는 크고 말벌보다는 작은 벌 정도였습니다. 그런데 다른 차원의 소리를 영혼이 영적으로 직접 들으면 원래 소리보다 더 크게 들리는 걸로 미루어보면 꿀벌 같은 벌일 수도 있다는 생각을 했습니다. 소리로 들어볼 때 이 많은 벌떼가 방 안에서 날고 있다면 센 바람은 아닐망정 미풍이라도 불어닥칠 텐데 바람은 한 점도 없이 고요했고 윙윙 소리 나는 위치가 어느 한 지점에서 멈춘 채 그 자리에서만 윙윙거리는 게 아니라 벌들이 실제로 나는 것처럼 윙윙 소리가 방 안을 이리저리 휘돌아다녔습니다. 지금이 한겨울이라 곤충들이 밖으로 나오지 않을 때인데 어떻게 이렇게 많은 벌들이 나타날 수 있을까 했지만 한편으로 그럴 리가 없다는 생각이 들었습니다. 그래서 믿는 구석이 생기고 몸이 워낙 피곤해 꿈적하기도 귀찮아 '벌이 와서 쏠 테면 쏘아라' 하고 그냥 누워 있으니 벌들이 날아다니다가 지쳤는지 소리가 차츰 작아지며 사라졌습니다. 그런데 이상한 점은 벌 한 마리도 제 몸에 달라붙어서 쏘지를 않아서 우주의 음악 소리라고 믿고 잠이 들었습니다. 이것은 우주의 고차원에서 나온 소리인데 우주의 음악 소리치고는 벌들이 날아다니는 소리라 매우 특이했습니다.

- 나의 견해(私見) -

우주 음악은 우주 어디에서 들려오는 게 아니고 바로 우리 주변에서 들려옵니다. 이건 우주 창조주가 많은 차원들을 만들어 놓았는데 그 차원들 중 어느 특별한 소리와 연결되는 차원에서 새어 나오는 음악이라고 생각하면 됩니다. 인간사에서 미술과 음악은 아주 중요합니다. 즉 색채와 소리이지요. 이것은 다른 차원들의 바탕이 도화지라면 거기에 어떤 색채가 칠해져 있듯이 각 차원마다 바탕에 독특한 색채가 있으며 그 공간에는 대표적인 소리가 있지요. 그래서 우주 창조주를 본받고 그 차원과 연결되어 태어난 우주의 모든 생명체들은 미술적, 음악적이라고 생각하면 됩니다. 모든 짐승들이 말을 하고 공중을 나는 조류나 바닷속의 고래들도 대화를 하고 심지어 태어나서 몇 달 못 살고 죽는 곤충들까지 노래를 부르니 모든 생명체들이 음악적이라고 할 수 있겠지요. 그리고 그 생명체들은 모두 다 모습이란 디자인과 색깔이 있으니 우주는 미술적, 음악적이라고 할 수 있을 겁니다.

예를 들면 어느 상위 한 차원은 바탕색이 황금빛(황금색)이고 소리는 조그만 종소리입니다. 지구에 불교가 생겨 처음으로 절 건물을 건축할 때 하늘나라에서 가르쳐주어 절 건물 안의 부처상을 황금색으로 하고 절 건물 네 귀퉁이 아래에 풍경을 매달았습니다. 그래서 황금빛(색)을 보며 종소리를 들으면 되는데 환경이 여의치 않아 황금빛(색)이 없다면 황금빛(색)을 마음으로 시각화하고 조그만 종을 치는 소리를 들으면 되고 또 종소리마저 없다면 황금빛(색)을 마음으로 시각화하고 종소리를 마음의 울림으로 가지면 그 차원과 자기 자신이 연결되는 데 도움이 될 겁니다. 물론 이때 염불이나 기도문을 함께 암송하면 더욱 효과적이 되겠습니다. 그 상위 차원은 원인계 차원이라 불교에서 원인계에 밝습니다. 인간사에서 원인은 업(카르마)과 연관이 깊지요. 그래서 지금까지 각 국가에서 절을 지으면 부처상은 황금색을 그리고 처마 끝에 풍경을 매다는 겁니다. 황금색과 풍경소리는 원인계를 보다 더 잘 알 수 있도록 도와준다는 의미입니다. 설령 돌부처나 흙부처 또는 아무것도 없는 곳에서 기도해도 상관없습니다. 기도를 안 하든지 또는 못 한다 해도 항상 모든 일에 마음의 맑음과 정성이 함께하면 영적인 면이 향상될 것입니다.

우주 음악이 들릴 때의 특징은 분명히 제 주변에서 소리가 나오긴 하는데 그 나오는 위치나 장소를 선정하기가 매우 어렵다는 점입니다. 이것은 우주 음악이 어느 차원에서 나올 때 그 출구 위치가 계속 조금씩 이동할 수도 있고 또 소리가 나오는 출구의 위치 자체가 물질세계와 다르게 원래 없기 때문일 거란 생각도 듭니다. 비트 음악은 음악이 나오는 곳을 선정하기 어렵게 제 주변 가까이에서 들려오는 반면에, 오음계 음악은 소리가 들려오는 곳이 처음에는 제 키보다 조금 높은 바로 위쪽에서 나오는 것 같더니 2층, 3층 높이로 쉬지 않고 계속 이동하고 있었는데 높이만 올라가는 게 아니라 수평으로 흘러가는 것처럼 이동해 가다가 사라졌습니다. 그래서 두 음악 모두 들려오는 곳이 어디라고 위치를 정하기 어려웠습니다. 우주 음악은 많은 사람들이 함께 있다고 해도 다들 들을 수 있는 게 아닙니다. 이것은 귀의 고막을 통해서 듣는 게 아니기 때문입니다.

11. 다른 차원에서

2022년 3월 18일(금)

밤늦게 방 안을 소등하고 방바닥에 얇은 담요 한 장 깔고 깊은 잠이 들었습니다. 그런데(사람이 아니라) 어디서 거센 바람이 불어 종이로 만든 책의 책장(冊張)을 이리저리 세게 주물럭거려 거의 찢어지는 수준으로 구기는 것처럼 요란한 '바스락' 소리가 엄청 크게 나서 깜짝 놀라 눈을 뜨고 쳐다보니, 두 다리를 쭈욱 뻗어 두 발이 있는 곳에서 40cm 정도 더 먼 곳의 컴컴한 방 안의 구석 가까이 방바닥에서 30cm에서 40cm 정도 높이로 공중에 은은히 빛이 나는 투명한 물체가 수직으로 떠 있었습니다. 처음에는 밖에서 빛이 새어 들어왔다든지 또는 그 빛이 어디에 반사되어 이런 게 비치나 해서 손으로 어느 방향에서 빛이 오는지 천천히 휘저어 보았지만 물체 앞에 있는 제 손에 비치는 빛이 하나도 없이 손이 검게 보여서 빛이 어디서 들어오는 것이 아니란 걸 알았습니다. 물체가 무언가 하고 잠이 덜 깬 눈으로 처음 보았을 때는 비닐로 된 책인가 했습니다. 그리고 바로 눈을 뜬 상태라 빛이 밝게 보여서 흰빛인가 했는데 조금 지나며 시력이 회복되니 연한 황금색이란 걸 알 수 있었고, 이것이 시간이 조금 지나자 계속 진해져 바로 진한 황금색으로 되었습니다.

앞을 자세히 살펴보니 제일 앞에 한 장이 별도로 분리되어 떨어져 있고 뒤쪽으로 10cm가 조금 넘게 떨어져 한 권의 책이 떠 있는데 이상하게도 책 표지는 없었고 바람도 한점 없는데 조금씩 위아래가 너울거리듯이 흔들렸습니다. 특히 앞에 별도로 있는 한 장이 더 심하게 흔들렸습니다. 그런데 이 한 장이나 뒤에 떠 있는 책 한 권이나 모두 방바닥에 펴 놓듯이 가로로 떠 있는 게 아니라 세로로 즉 방바닥 위에 수직으로 떠 있는 것이었습니다. 책장은 마치 인쇄한 것처럼 크기가 한 개당 2cm 정도 크기의 어떤 도형이 질서 있게 그려져 있었는데 정확하게 너무 잘 그려져 있어서 마치 인쇄되어 있는 것 같았습니다. 도형은 원형인데 그 원형이 컴퍼스로 그린 것처럼 동그랗지만 둘레가 조그맣게 어떤 띠나 실 장식처럼 무엇이 더 붙어 그려진 것들이었는데 거의 같다든지 약간 유사한 것도 있으나 거의 다 조금씩 서로 달랐습니다. 그리고 그냥 원형도 있었던 것 같습니다. 원형에 붙어 있는 조그마한 게 무언지 살피다 보니 원형 자체는 별로 신경을 안 썼습니다. 지름이 2cm 정도의 원형 속에 어떤 이상한 문양이 원형으로 또 그려져 있었습니다. 속의 원형과 밖의 원형은 서로 다르다는 것만 알 수 있었습니다. 속의 문양은 어떤 내용을 기록한 글자인 것 같은데 상형문자도 아닌 것 같은 이상한 문양으로 되어 있어서 무슨 문양이고 어떤 내용인지 도저히 알 수 없었습니다. 밖의 원형과 그 속의 원형 문양은 모두 짙은 황금색이고 종이는 그보다 옅은 황금색으로 투명했습니다. 사실 원형 속의 문양을 글자로 보려고 해도 제 기준으로는 글자로 전혀 보이지 않고 어떤 도형으로 보였습니다. 이 문양은 바로 둘레의 원형에 달라붙지 않고 분리된 채 큰 원형 속에 둥그런 모습의 작은 원형을 유지하고 있었으며 이어지는 문양은 서로가 조금씩 다르게 보였습니다. 그런데 제일 앞장의 한 장만 책에서 왜 분리되어 앞에 떠 있고 바로 뒤의 책이 공중에 함께 왜 떠 있는지 그것도 의문이었습니다. 그리고 이것들이 어떻게 공간에 떠 있을 수 있는지 그것 또한 의아했습니다. 책장은 앞에 한 장 그리고 뒤로 많은 장수가 거의 붙어 있었는데 제본 자체는 안 되어 있었습니다. 책은 세로로 선 채 모두 낱장들이 포개어 있으나 그 중 앞부분의 낱장들이 흔들리고 있었으나 앞에 있는 한 장보다는 흔들림의 세기가 조금 약했습니다. 그러나 제일 앞의 한 장의 위아래가 최대한으로 앞뒤로 흔들렸기 때문에 뒷장도 상당히 흔들린 편이었습니다. 도형은 제일 앞에 있는 투명한 비닐 같은 물체의 종이 한 장을 다 채웠고 뒤의 책장들도 그랬습니다. 도형의 수가 가로는 15개나 그 이상 되는 것 같았습니다. 세로는 조금 더 많았던 것 같습니다. 크기는 A4 용지보다 폭이 더 넓고 수직 길이도 더 길었으나 정사각형에 가까운 직사각형이었고 도형의 의미나 긴 문장의 뜻은 도저히 알 수 없었습니다. 이상한 문양이나 무늬로만 보일 뿐이었습니다.

일어나 앉아서 '별도로 분리되어 뒤쪽의 책과 거리가 조금 떨어져 있는 앞의 종이는 못 쓰는 종이인가' 하고 왼손을 쭈욱 뻗어 잡으니 이 물체가 흐트러지지도 않고 아주 얇은 투명한 황금 종잇장 같은데 손이 그냥 통과하고 만져지지도 잡히지도 않았습니다. 그리고 종이 속을 뚫고 들어간 손은 아무런 상관없이 물체는 하나도 흐트러짐이 없이 황금색으로 은은하게 빛나며 위아래가 계속 스스로 출렁이는 것이었습니다. 제 손목과 팔꿈치 사이에서 책장들이 황금빛으로 출렁이는 걸 보니 이상야릇했습니다. 그런데 제 손목이 들어가 있어도 황금빛이 나는 종이는 모두 투명해 손등과 손목 윗부분이 환히 보였는데 종이도 손목이 들어가 있어도 구멍이 없이 전체가 다 환하게 보였습니다. 제 손과 이 종이는 차원이 달랐습니다. 컴컴한 밤인데도 황금색으로 빛나는 종이가 그렇게 보이게 만들었습니다. 그래도 이 컴컴한 방 안에서 물처럼 투명한 비닐보다 더 얇은 것 같은 책장 주변 공간과 주변이 황금빛으로 환하게 보였습니다. 그리고 출렁이며 흔들리는 황금색 책장보다 황금색의 도형들이 훨씬 더 진해서 찬란하게 보였습니다. 손가락으로 종이를 잡을 수도 없으니 제 자력으로 페이지를 넘길 수도 없고 또 도형을 읽을 수도 없지만 그저 바라만 보다가 마음속으로 '책장들을 한번 넘겨보고 싶은데' 하고 생각하니 바람도 한 점 없고 그렇다고 제가 입으로 불어 보아야 책에게 어떤 영향도 하나 못 미치고 그냥 통과해서 책장이 넘어갈 수가 없는데도 불구하고 이상하게 책장들이 앞뒤로 천천히 흔들리면서 한 장씩 넘어가기 시작했습니다. 제가 무언가 자세히 보려고 좀 더 보면 그 장이 안 넘어가고 기다려주고 그 장을 다 보았다고 생각하면 그때마다 그 장이 넘어갔습니다. 보이지 않는 손이 옆에서 넘겨주는 것보다도 넘기는 시간이 더 정확해 마치 제가 마음속으로 다 읽어보고 제 마음으로 넘기는 것 같았는데 사실 제 마음으로 넘길 수 있는 능력이 없거든요. 단지 '다 보았으니 (이 장이) 넘어갔으면 좋겠다' 하고 생각은 했지요. 그럼 바로 책장이 넘어갔으니 기가 막히지요. 이렇게 한 10장 가까이 넘어갔을 때 제가 봐도 모르는 도형들뿐이라 '이제 더 이상 볼 필요도 없겠다' 하고 마음먹으니 스스로 계속 넘어가던 책장이 일시에 멈추고 책장들이 다 덮어졌습니다. 그리고 다시 떠 있는 채 조금씩 출렁이며 흔들리기만 하였습니다. 이 책 한 장의 두께는 투명하니까 더욱 얇아 보일 수도 있겠다고 생각했지만 실제로 A4 용지보다도 두께가 얇았습니다.

이윽고 투명한 종이의 황금색 빛이 도형의 찬란한 진한 황금색과 함께 어우러져 있다가 제가 황금빛 책을 이해할 수 없어서 집중력이 떨어지기 시작하자 눈앞의 황금빛 책도 차츰차츰 빛이 희미하게 옅어져 가며 서서히 사라져 결국 제 바로 눈앞에서 없어졌습니다. 어느 차원에서 나왔다 갔는지 그리고 저같이 평범한 사람은 보여줘도 뭐가 뭔지 통 모르는데 뭘 보여주려고 그랬는지 이상하게 생각되고 궁금증만 더해갔습니다. 처음에 바스락거리며 나타났을 때는 황금색 빛도 약했는데 이게 시간이 조금 지나자 황금빛이 강해진 것도 신비롭고 문양과 도형 그리고 허공에 떠서 앞뒤로 출렁이듯 흔들리는 것들 모두 신비롭지 않은 것이 하나도 없었습니다. 마치 처음부터 끝까지 신비로움만 마음껏 느꼈다가 끝났습니다. 그래서 좀 허무했습니다. 제가 읽고 이해할 줄 알았더라면 하는 바람 때문이었지요. 그러나 이렇게 아무것도 모르는 저에게 이런 신비로운 황금빛 책의 문양과 도형들을 보여주는 데는 창조주의 어떤 이유와 의도가 관여되어 하늘 차원에서 어떤 지혜와 지식을 주기 위하여 위대한 의미를 암시하거나 또는 종교의 교리를 나타내는 하늘의 원본인가 했습니다. 그러나 아직은 정확히 모릅니다. 앞으로 알 수 있도록 노력해야지요.

2022년 3월 27일(일).

밤늦게 소등하고 편안한 자세로 앉아 명상을 한참 하는데 깊은 수면 상태로 들어가자 마치 착각이나 잘못 본 것처럼 바늘구멍보다 작은 흰빛 하나가 정 중앙은 아니고 정확히 위치가 약간 아래인데 그래도 어느 정도 중앙 부근이라고 보아줄 수 있는 곳에 생기더니 바로 조금씩 커졌습니다. 다 커졌다고 해봐야 지름이 불과 5mm 정도로 동그란 했습니다. 그런데 그 흰빛이 저를 비추었는데 엄청 강력했습니다. 아주 먼 거리인 것 같은데 그 조그만 데서 나오는 불빛이 눈이 부셨습니다. 그런데 시간이 지나면서 가운데 원형인 흰빛은 그대로 있고 그 둘레가 조금씩 이상하게 변하기 시작하더니 마치 안갯속에서 손전등을 비추는 것처럼 빛이 확장되며 저를 향해 비춰오는데 거기서 오는 불빛이 당연히 흰빛이어야 합니다. 그런데 흰빛이 아니라 파란빛이었습니다. 다시 불빛의 중앙을 쳐다보니 그곳은 분명 아주 조그만 하얀색인데 멀리 저에게 쏘아지는 빛은 파란색으로 안갯속을 뚫고 오는 것처럼 넓게 비추니 이상한 일이었습니다. 마치 저와 그 둥근 흰빛 사이에 안개가 자욱이 낀 것 같았고 이 안개가 다 파랗게 빛났습니다. 다시 중앙의 흰빛을 찾아보았습니다. 크기가 줄어들었는지 아니면 거리가 더 멀어졌는지 분명히 가운데 지름이 5mm도 안 되게 조그맣고 둥글게 흰빛이 있었습니다. 그래서 바로 그 둘레를 보니 파란빛을 저에게 쏘아 보낼만한 파란 근원이 전혀 없었습니다. 그런데 중앙 쪽에서 흰빛보다는 근원도 없는 파란빛이 저와 제 주변에 엄청 강하게 비춰오니 이해가 안 가지요. 그리고 주변에 있는 안개에 미세한 진동이 가해진 것 같았는데 이로 인해 파란빛과 어울린 파란 안개가 더욱 움직이는 것처럼 느껴진 것 같았습니다. 그리고 빛이 생긴 근원은 흰색인데 거기서 오는 빛이 파란색으로 퍼져오니 이것을 제 눈으로 직접 보고 있으면서도 도무지 이해할 수가 없었습니다. 제 앞 주변이 다 파랗습니다. 그래서 이상해서 다시 근원을 찾아 바라보니 조그맣게 빛나는 흰색의 빛이 분명히 파란빛 중앙에 아주 조그맣고 둥글게 보였습니다. 그래서 '어떻게 변하나' 하고 계속 보고 있다 보니 흰빛과 파란빛이 함께 차츰차츰 희미해지다가 동시에 함께 사라졌습니다.

이것은 제가 흰빛 속으로 들어오라고 그쪽 차원에서 시간 여유를 주었는데도 따라 들어가지 않으니 할 수 없이 문을 닫은 것 같았습니다. 여기서 계속 바라보고 있는 건 제가 두 눈을 뜨고 보고 있는 게 아니라 명상 속에서 제 영혼이 보고 있는 것이었습니다. 이것은 차원 중에서 우주 창조주를 제외하고 가장 높은 차원인 신계의 차원과 연결되어 나타난 것이었습니다. 이 흰빛이 멀리서 볼 때 조그맣지 가까이 다가가면 제 몸 하나는 충분히 드나들 수도 있을 것이고 또는 흰빛이 아주 작아도 그 차원에서는 제가 연기처럼 드나들 수도 있을 것이고 그것도 아니면 애당초 어느 신도 드나들 수 없는 흰빛 그 자체인가도 모르겠지만 명상에서 깨고 나서 그때 당시 제 영혼이 그 흰빛 속으로 따라 들어가려고 노력조차 하지 않은 것을 두고 매우 후회했습니다.

12. 달 여행

제3의 눈 상단전(차크라)의 태양, 생명의 기원 신소립자, 명상의 한계점, 다른 세계의 출입 등을 차례차례 겪었습니다.

저는 명상의 한계점을 넘어선 후에 명상의 한계점을 다시 한 번 또 넘어서기 위하여 명상을 해보면 잘되지 않았습니다. 그 이유는 사람은 무엇이든지 때가 있으며 그때를 놓치면 하기가 어렵습니다. 그리고 보편적으로 젊을수록 성취도가 높긴 합니다만 때를 놓치면 어렵다고 할 때의 때는 젊음과는 직접적인 상관이 없습니다. 노력은 변함없이 해도 언제 어느 때 갑자기 성취하기 좋은 기회가 만들어진다는 말인데 이 성취하기 좋은 기회를 놓치면 어렵다는 말입니다.

또 다른 이유는 명상의 한계점을 넘어서는 시점을 겪어서 알고 있으니 한 번도 못 해본 남들보다 경험이 있는 제가 그 한계점을 넘어서는 게 더 쉬워야 하는데 그게 아니라 반대로 한계점을 알고 있는 게 걸림돌이 되는 겁니다. 의식이 거의 없이 맑은 마음으로 명상을 하다가 한계점에 다다르면 '여기가 한계점이로구나' 하고 미세하게 느껴지고 또 그 미세한 느낌 자체가 의식이 되어 한계점을 초월하기가 실로 어려웠습니다. 그래서 어떤 것들은 한 번도 겪어보지 않아서 모르는 채 열심히 할 때 더 잘 성취되는 것 같습니다.

이렇게 모르는 채 열심히 해서 또 하나 성취한 것이 있어서 밝힙니다. 그동안 가슴속에서 심장 뛰는 소리나 손목, 발목에서 맥박 뛰는 소리가 잘 느껴져서 의자에 앉아서나 누워서 발목보다 심장이 얼마나 빨리 뛰는가 보자 하고 손대지 않고 느낌으로 서로의 차이를 비교하기도 했었습니다. 운동을 안 하고 편히 쉬고 있을 때도 심장 뛰는 소리가 크게 느껴졌습니다. 그런데 이게 매일 그러니 으레 그러려니 했습니다. 지나간 날들을 돌이켜 생각해보면 20년도 더 전인 40대 중반에 마라톤 대회에 나가서 풀코스를 달릴 때도 심장이 크게 '퍽' '퍽' 뛰는 소리와 헉헉대는 숨소리만 들으며 달렸습니다. 그동안 심장의 박동 소리는 이 세상에 태어나서 여러 가지 사건들을 체험하면서 계속 조금씩 커져 왔는지 아니면 원래 처음부터 그렇게 컸는지 지금 와서 그걸 알기가 어렵습니다. 그런 사건들을 체험하기도 전인 20대 초 군 입대를 하기 전 초여름에 마루에 누워서 낮잠을 자려고 하면 심장 뛰는 소리만 크게 들린 기억이 나고, 초등학생 시절에 위가 약해 소화가 잘 안 되고 몸이 약해서 어머니가 저를 데리고 한약방에 갔는데 할아버지 한의사가 왜 왔냐고 물어봐서, 저는 '조금 높은 데서 떨어져서 그 충격으로 놀라서 그런지 심장이 너무 크게 뛰고 소화가 잘 안 되어서 왔습니다' 하고 말씀드리니 진맥을 마친 후 하시는 말씀이 '놀라서 그런다'라고 말씀하셔서 저는 그렇게 알았습니다. 그때까지 심장이 크게 뛰는가 작게 뛰는가 신경도 안 썼는데 소화가 잘 안 되어 예민해지다 보니 한약방에 갈 때서야 심장이 크게 뛰고 있다는 걸 알았습니다. 그래서 혹시 놀라서 그런가 했습니다. 그런데 다음에 생각해보니 할아버지 한의사가 진맥을 할 때 제 맥박이 남들보다 더 크게 뛴다는 말도 안 했고 또 심장이 약하다느니 강하다느니 하는 말도 하지 않았습니다. 위가 약하다고만 하면서 소화를 돕는 한약을 제조해주었습니다. 심장 뛰는 소리가 크게 들리는 것은 심장은 남들과 마찬가지로 보통으로 뛰는데 단지 제가 듣고 느끼기로 크게 들리는 것 같습니다. 그렇게 심장 뛰는 소리가 유난히 크게 들리고 느껴져서 명상을 하면 고요히 하는 명상이 오히려 어려웠습니다.

옛날이나 현재나 사람들은 명상을 한다면 으레 아무 생각을 안 하고 해야 하는 것으로 알고 있습니다. 그래서 아무 생각도 안 하려고 노력하지만 노력하면 할수록 자꾸 다른 잡생각들이 많이 나타납니다. 그럴수록 명상은 더욱 힘들어집니다. 이렇게 아무 생각 없이 하는 명상은 사실 아무 생각도 안 해야 되는 게 아닙니다. 마음이 맑아지다 보면 자연스럽게 당연할 정도로 아무 생각이 안 납니다. 즉 아무 생각이 안 난다는 표현이 맞지만 더 정확한 것은 마음이 맑아지다 보면 고민할 것이 없어서, 인간 생활은 이미 초월해져 생각할 것이 자연히 없어진다는 말입니다. 그러나 명상 초기에는 어떤 생각이 떠오르면 저는 그 생각을 떨치려고 노력하는 것보다는 당연한 듯이 생각을 받아들여서 명상하면서 고민도 했습니다. 그리고 제가 해결하기 어려운 고민은 일단 하늘에 맡겨 놓고 계속 명상에 들어갔습니다.

선 채로 맑고 맑은 마음만 갖고 아무 생각 없이 깊이 명상하다가 결국 명상의 한계점을 넘어섰지만 저는 운이 좋아서 이 한계점을 넘어섰다고 생각합니다. 인간은 누구나 맑은 마음이 있습니다. 개발을 안 해서 어쩌다 한 번씩 나오니까 맑은 마음인지 아닌지 구분이 잘 안 가서 모를 뿐입니다. 명상의 한계점을 넘어서면 더 이상 맑을 수 없는 그런 차원에 들어서게 됩니다. 이 한계점을 넘어서면 인간으로서는 상상조차 할 수 없는 일들이 벌어집니다. 인간으로서 그런 일을 겪어보니 더 이상 아무 생각

없이 고요히 하는 명상은 저로서는 다 끝난 것 같았습니다. 그러나 그 이후에도 저는 명상 시 어떤 생각이 나타나면 피하지 않고 생각했습니다. 그러다 보면 마음이 맑아지고 그에 따라 심장 뛰는 소리는 더욱 크게 느껴져 때론 명상하는데 심장 뛰는 소리가 거추장스럽게 생각되었습니다. 아무 생각도 없이 고요하고 마음이 맑은데 심장 뛰는 소리만 크게 들리고 느껴져서 제 딴에는 이게 명상하는데 제일 방해가 되었습니다. 이때 심장 뛰는 소리가 크게 들리고 느껴져서 실제로 달리기할 때 심장이 강하게 뛰는 것처럼 그렇게 뛰는 줄 알았는데 다음에 알고 보니 심장이 더 강하게 뛰지는 않았고 제 영혼이 직접 그렇게 듣고 그렇게 느끼니 소리가 클 수밖에 없다는 걸 알게 되었습니다.

그런데 어느 날 '고요한 명상을 하면 심장 뛰는 소리가 제일 큰 장애여서 명상을 하기가 어려운데 심장이 뛴다는 건 살아 있다는 증거고, 살아 있으면 당연히 심장이 뛰는 것인데 뛰는 심장의 박동을 느끼는 건 당연한 것 아닌가' 하는 생각이 들었습니다. 생각 없이 고요히 하는 명상으로 인해 명상의 한계점도 초월해봤으니 이제 맑고 고요히 하는 명상으로는 더 이상 할 게 없는 것 같았습니다. 그래서 이번에는 '심장 뛰는 소리가 들리고 느껴지는 걸 피할 수 없을 바엔 아예 그걸 몸 안의 어떤 리듬이나 음악처럼 들으며 명상해보자' 하였습니다. 사실 명상의 한계점을 뛰어넘은 후로는 그 이상 어떤 것도 나타나지 않아서 이번에는 명상하면서 심장 뛰는 소리가 크게 느껴지니 맥박이 심장 어느 부분에서 어떻게 뛰나 살펴보고자 집중했습니다. 자주 그렇게 했습니다. 이것은 아무 생각 없이 맑고 고요히 해야 하는 명상 입장으로 볼 때는 생각할 수도 없는 반항이고 역발상이었습니다. 더구나 고요히 하는 명상의 한계점을 넘어선 제가 이렇게 해도 되나 싶었습니다. 그러나 이 역발상으로 인해 제 인생에서 또 한 번 엄청난 사건이 벌어졌습니다.

명상 시 심장 뛰는 소리를 느끼고 있다가 맥박이 심장 어느 부분에서 어떻게 뛰나 살펴보고자 집중하면 마치 심장을 꺼내어 눈앞에서 보는 것처럼 심장이 뛰고 있는 것이 제 눈에 확실하게 보였습니다. 기가 막힌 일이었습니다. 그런데 몸통 속이라 햇빛이 들어오지 않아서 그런지 빨간색이 아니라 짙은 적갈색이나 흑갈색으로 심장이 보였고 또 심장이 크게 꿈틀꿈틀할 정도가 아니라 아예 강력하게 '꾸물럭' '꾸물럭' 거리는 게 다 보였습니다. 조금 징그러웠다는 표현도 할 수 있겠지만 이게 제 심장이 뛰는 걸 바로 앞에서 직접 제 눈으로 보고 있는 저에게는 현실이었습니다. 그러면서 수면 상태와는 다른 깊은 상태로 내려갔습니다. 잠이 들었다면 수면 상태라고 하겠지만 잠자는 건 아니고 그 깊은 상태에서도 심장이 뛰는 걸 눈으로 보면서 박동 소리를 귀로 듣고 있었습니다. 다음에 알고 보니 심장이 짙은 적갈색으로 강력하게 '꾸물럭' '꾸물럭' 하는 걸 바로 앞에서 보고 있는 건 제 영혼이란 걸 알았습니다.

이렇게 명상을 하다 보니 어느 날 갑자기 심장 주변에서 아주 조그만 바람이 발생하기 시작했습니다. 이게 발생하기 시작하면 처음에는 놀라서 명상에서 바로 깬 적이 한두 번이 아니었습니다. '심장이 들어 있는 몸통 속에 어떤 바람도 생길 수가 없는데 바람이 생기고 더구나 뛰는 심장을 제 눈으로 보듯이 환히 보이니 얼마나 이상한 일인가' 하고 순간 놀라서 바로 깼습니다. '심장이나 몸통 속에 무엇이 잘못되어 건강을 해치면 큰일인데' 하고 생각했습니다. 평소 심장 부정맥이 있는 저로서는 심장 이상이나 심장마비는 바로 죽음과 연결될 수 있기에 이런 일이 더욱 충격적이었습니다. 심장이 강력하고 빠르게 꾸물럭거리며 뛰는 걸 보는 것도 이상한데 바깥과 연결되지도 않은 몸통 속의 심장에서 무슨 바람이 생기니 이건 정말 충격적이었던 겁니다. 그래서 가슴속에서 바람이 생기는 일이 발생하면 크게 놀라서 바로 깼고 그때마다 바로 누워서 잠을 잤습니다. 저는 명상을 주로 잠자기 전에 했습니다. 명상 시 깜짝 놀라서 깨면서도 다음날 자기 전에 또 했습니다. 왜냐하면 세월이 가면서 생각해보니, 그런 일이 발생했다고 해서 가슴속이 아프다든지 어떤 병에 걸린 것도 아니고 배 속은 그냥 이상 없이 편안했기 때문입니다. 그래서 한편으로 마음이 놓였고 나중에는 습관이 되어 가슴속에서 바람이 이는 것이 으레 그러려니 했습니다. 따라서 날이 갈수록 바람은 차츰차츰 조금씩 더 커져가면서 놀라 깼고 그럴수록 바람의 세기는 계속 강해져 갔습니다. 이제 어느 정도 바람의 세기가 커지니 이 바람의 형태를 알 수 있었습니다. 이 바람의 형태는 소용돌이 식으로 몸통 속에서 동그랗게 도는데 동그란 원이 아니라 타원형이었습니다. 그리고 소용돌이라고 해서 그 가운데로 무엇이 빠져나가는 것은 없었습니다. 어찌 보면 소용돌이도 정확한 표현은 아니지만 회오리바람보다는 그래도 소용돌이가 더 근사치에 가까운 표현인 것 같습니다.

그러다가 어느 날 엄청 놀랐습니다. 말도 안 되는 일이 몸통 속에서 발생하고 있었던 것입니다. 심장 주변에서 발생하는 소용돌이는 다음에 알고 보니 바람이 아니라 '비물리적인 자기장'이었습니다. 비물리적 자기장이란 말은 통상 우리 인간이 기계 기구로 측정할 수 있는 실질적이고 물리적인 자기장이 아니라서 제가 붙인 말입니다. 이것은 우리 과학이 아직 덜 발달되어서 그렇지 먼 미래에는 측정할 수 있을 것입니다. 바꿔 생각하면, 우주에서 인체의 몸통 속에서 발생하는 자기장보다도 더 실질적이고 물리적인 자기장도 없을 것입니다. 이건 우주 창조주만 알고 있는 자기장이기 때문입니다. 이걸 비유하자면 아직 우리가 볼 수 없고 들을 수 없는 빛과 소리의 일부도 과학 기계 기구로 측정해서 알 수 있는데, 이 기계 기구로도 측정할 수 없는 빛과 소리가 우주에 많은 것처럼 이 몸통 속의 자기장 역시 그런 것보다는 더욱 특별하지만 그런 식으로 보면 될 것입니다.

심장 주변에서 발생한 아주 약한 비물리적인 자기장이 차츰 강해지면서 엄청 센 자기장으로 변하기 시작했습니다. 작은 자기장이 큰 자기장으로 변해가는 과정에서는 심장이 더욱 크게 '꾸물럭' '꾸물럭' 하였고 그렇게 뛰는 심장의 힘이 뒷받침되어 자기장의 힘도 계속 증대되었습니다. 이제 몸통 속에서 빙빙 돌며 작은 자기장이 차츰 강한 자기장으로 변해가며 강하게 소용돌이쳤습니다. 초기에 심장 주변에 작은 자기장이 생길 때 소용돌이의 힘이 약했던 것이 한 방향으로만 막 돌면서 차츰차츰 더욱 커져가며 강력한 자기장으로 변했습니다. 이 자기장은 한 방향으로만 몸통 속을 엄청 강력하고 빠른 속도로 빙빙 돌았습니다. 이게 너무 크고 세게 느껴져서 깜짝 놀라 깼습니다. 처음에는 조그만 바람에도 놀라 깼지만 이제는 그 정도에는 단련이 되어서 괜찮고 조금씩 더 강해져 가면서 놀라 깼습니다. 이렇게 놀라 깨면 몸통 안에서 비물리적인 자기장이 돌다가 그 순간에 일시에 그쳤습니다. 가정에서 사용하는 전기세탁기는 돌고 있을 때 스톱 버튼을 누르면 돌던 가속력 때문에 어느 정도 더 속도를 늦춰가며 돌다가 완전히 멈추는데 비해 몸통 속의 소용돌이는 자기장이 아무리 강력하게 돌았어도 깜짝 놀라 깨면 깨는 것과 동시에 한 번에 완전히 멈추었습니다. 그러나 몸통 속을 그렇게 강력하게 돌다가 갑자기 일순간에 멈췄다고 해서 제 몸통 속에 변한 것이나 어떤 이상이 느껴지는 건 하나도 없었습니다. 오히려 제 생각에 몸통 속에 암이 있을 경우 이 자기장이 암세포를 없애고 좋은 세포를 더욱 활성화시킬 수 있지 않을까 싶었습니다. 그런데 이 자기장이 몸통 윗부분인 목 쪽이나 복부 장 쪽으로는 내려가지 않았습니다.

2020년 2월 4일(화) 새벽 5시가 조금 넘은 시간. 집안 사정으로 자정 무렵부터 한 시간 반 정도 자고 일어나 활동하니 몹시 피곤했습니다. 그래서 새벽 5시가 조금 넘어서 자기 전에 명상을 했습니다. 등 뒤를 살짝 기대고 앉아서 심장의 맥박을 느끼면서 명상을 하였습니다. 그러다가 또 큰 소용돌이인 비물리적인 자기장이 발생해 몸통 안을 원을 그리듯이 강력하게 휘돌아 깜짝 놀라 깼습니다. 원은 제가 앉은 채로 아랫배를 내려다봤을 때 시곗바늘이 도는 방향으로 돌았습니다. 놀라 깼는데 피곤한 상태여서 잠을 자기 위해 누웠습니다. 그런데 막상 누우니 잠이 바로 안 와서 누운 채 다시 명상 상태로 들어가 심장의 박동을 느꼈습니다. 그동안 앉아서 명상하다가 그런 자기장을 많이 느꼈는데 '지금껏 어디 한 군데 이상이 생기지 않고 아픈 데도 없으니 이 자기장이 몸에 해로운 것은 아닌 것 같다' 하고 생각하던

중이어서 누운 채로는 처음으로 심장 박동을 느끼며 명상하게 되었습니다. 두 팔과 두 발을 자연스럽고 편하게 쭉 뻗고 얼굴은 천장을 향했습니다. 물론 두 눈은 감았습니다. 명상을 시작해 조금 지나니 심장 박동이 느껴지다가 아예 심장이 뛰는 소리가 귀를 심장에 직접 대고 듣는 것처럼 들렸습니다. 그러더니 차츰 심장 뛰는 소리가 크게 들리면서 잠이 든 상태로 내려갔습니다. 그런데 여기서 잠이 들면 모든 게 다 허사입니다. 그냥 잠자고 일어나는 것입니다. 잠이 든 것 같은 이 상태에서 심장이 고동치는 소리를 계속 듣든지 느끼든지 해야 합니다. 그런데 다행히도 수면 상태에서 용케 이 생각이 모든 걸 지배했습니다. 이때 심장이 고동치는 소리를 듣든지 느껴야 한다는 생각이 잠결에도 계속 머무르고 있지 않았다면 그냥 자게 됩니다. 왜냐하면 수면 상태와는 다른 깊은 상태로 내려가야 되는데 수면 상태에서 더 이상 내려가지 못하고 그냥 잠들기 때문입니다. 수면 상태와는 다른 깊은 상태로 들어가면서도 계속 심장 박동을 느끼는 실을 놓지 않아야 합니다. 실이란 건 실질적인 실이 아니라 그냥 고동치는 소리를 놓치지 않고 계속 듣고 있었다는 말인데 이게 깊은 상태로 들어가면 들어갈수록 아주 가느다랗게 계속 느끼면서 들어가야 하기 때문에 마치 실을 놓치지 않는다는 표현이 어울릴 것 같습니다. 이때쯤은 몸의 맥박이나 주위 환경에서 오는 소음 같은 건 하나도 들리지 않아 모릅니다. 이렇게 하니 심장이 빠르고 강하게 뛰는 것처럼 느껴졌고 나중에 심장이 '꾸물럭' '꾸물럭' 하는 게 다 보였습니다. 마치 강력하고 빠르게 꾸물럭거리는 심장을 가슴속에서 꺼내 놓고 보는 것 같았습니다. 단지 색깔만 빨간색이 아니라 짙은 적갈색이나 흑갈색으로 보는 것뿐입니다. 이것은 우리의 얼굴에 있는 눈이 아닌 또 다른 눈인데 실제로 뛰는 심장을 보는 건 제 자신의 영혼입니다. 즉, 뛰는 심장을 바라보는 눈은 영혼이 직접 관여하여 보는 거지만 이 영혼의 눈은 실제로 상단전(차크라)으로 밖을 보는 것까지 겸하고 있습니다. 그동안 사람들은 밖을 보는 주체인 영혼을 모르니 마치 차크라가 신비한 작용으로 열려서 두 눈으로 보는 것처럼 제3의 눈이라고 말해왔습니다.

심장이 뜀에 따라 자기장이 발생하고 또 그 심장이 엄청 강하고 빠르게 뜀에 따라 자기장이 더욱 강력해지며 온몸이 진동하기 시작하더니 그 진동으로 인해 온몸이 세차게 흔들리면서 떨리기 시작했습니다. 그런데 실제로는 온몸은 떨리지 않고 그대로 있습니다. 이 말은 세차게 흔들리면서 떨리는 것은 인간의 몸이 아니라 몸속에 들어 있는 제 자신의 영혼의 몸인 영혼체였습니다. 엄청 빠르고 강하게 뛰는 심장에서 나온 힘, 자기장이 가슴속과 배 속 즉 몸통 속에서 세차게 돌기 시작했습니다. 이렇게 세차게 휘몰아치는 것 자체가 하나의 에너지로 이 소용돌이 자기장을 제 영혼이 느낄 때 너무 강력했지만, 실제로 제 생각으론 진동이 아주 강해도 현대 과학기계로 측정할 수 없을 정도로 미약하니 현실적으로는 그만큼 아주 낮은 자기장이라고 할 수 있겠습니다. 심장이 가슴속에 있다고 가슴속 심장 위에서만 그러는 게 아니라 배 속 윗부분까지 통째로 그 안에서 자기장이 소용돌이치듯 세차게 휘돌았습니다. 그 여파로 온몸(영혼체)이 강하게 흔들리고 떨리었습니다. 몸통 속에서 자기장이 세차게 도는 것은 복부 아래로는 안 갔습니다. 배 속의 창자들이 더 이상 아래로 처지지 않게 보호하는 막이 횡격막인데 하단전 위에 위치

한 횡격막까지도 안 갔습니다. 몸통 속에서 자기장이 세차게 회전하는데 몸속의 장기들은 마치 하나도 없는 빈 공간처럼 어떤 장애도 되지 못했습니다. 그래서 이 자기장은 비물질이라고도 할 수 있었습니다. 저는 배 속 어디나 아픈 데가 하나도 없고 고혈압이나 당뇨병도 없었기 때문에 이 자기장이 몸통 속의 큰 병이나 질병들을 낫게 하는지는 정확히 알 수 없었습니다. 이 자기장이 몸통 속에서 발생할 때 그것은 이미 물질세계인 3차원을 벗어나려는 몸부림이었고, 하늘의 차원 중에서 몸통 속 자기장의 진동과 통하는 차원이 연결되고 있었습니다.

깊은 명상 상태에서 '내 영혼이 일어나 우주로 나가야 하는데' 하는 한 가닥 가느다란 실줄기 같은 생각을 하였습니다. 그런데 보통 명상에서는 이런 생각에 너무 몰두하면 정신이 멀쩡해져서 깨어나 명상이 안 되는데 현재 자기장이 세차게 휘돌 때는 상관없었습니다. 즉 정신 집중과 명상 사이에서 줄을 잘 타야 할 필요가 없었습니다. 그냥 명상 상태에서 '우주로 나가자' 하는 생각이 계속 실줄기처럼 타고 들어가면 됩니다. 그리고 이제는 심장의 고동 소리를 듣지 않아도 됩니다. 이제 세차게 휘몰아치는 자기장만 느껴질 뿐입니다. 이렇게 몸통 속에서 비물리적인 자기장이 계속 강력하게 변해가며 회전하다가 더 이상 세력이 커질 수 없자 마치 최후로 큰 힘을 내는 듯 '윙! 윙!' '윙! 윙!' 하며 회전하는 소리가 났습니다. 물론 이 윙윙거리는 소리도 제 귀로 듣는 줄 알았더니 그게 아니라 영혼체의 귀로 듣는 것입니다. 이전부터 계속 엄청 빠르고 강하게 자기장이 휘돌다가 윙윙거리는 소리가 날 때는 가장 세력이 막강했습니다. 그러면서 제 영혼체가 천천히 몸에서 떨어져 나와 몸 바깥 공중으로 부상하기 시작했습니다. 마치 바닷속에 있던 잠수함이 물 위로 부상하여 하늘로 날아오르는 그런 느낌이었습니다.

이것은 1989년 10월 1일 밤. 운장산 기도터에서 기도할 때 텐트 속에 들어서는 여자 영혼체 때문에 제 영혼체가 엉겁결에 유체이탈하여 그 여자를 만났습니다. 이후로 저는 이렇게 과거에 제 몸에서 영혼체가 유체이탈을 해본 일이 있으니 또 유체이탈이 되겠지 하고 노력해봤으나 어떤 노력에도 그런 유체이탈은 두 번 다시 되지 않아 노력은 물거품이 되곤 했습니다. 그 당시처럼 다른 영혼체하고 연결되는 긴박한 상황은 없었기에 똑같이 해볼 수는 없었습니다. 저에게는 운장산 기도터에서 잠잘 때처럼 그런 긴박한 상황이 벌어지는 게 유체이탈이 되는 가장 좋은 방법 같았습니다.

우주 창조주가 인간 같은 고등생명체를 창조할 때 몸통 속에 영혼체가 부착되어 있게끔 만들어 놓았는데 우주 창조주의 창조 설계를 무시하고 억지로 분리시켜서 몸 위로 부상하게 만드는 게 바로 이 비물리적인 자기장이었고 이 자기장은 육체에서 영혼체가 떠오를 때 막강한 에너지가 되어 주었습니다. 우주 창조주가 우주에 고등생명체를 창조했을 때 육체가 죽어 진동이 멈추면 자연스럽게 영혼체가 육체에서 떨어져 나오게끔 만들어 놓았는데, 이걸 억지로 어기고 영혼체가 살아 있는 육체에서 다른 차원으로 떠오르려고 하니 얼마나 어렵고 힘들겠습니까. 그런데 달리 생각해보면, 운장산에서 영혼체가 유체이탈한 것과 또 자기장으로 영혼체가 하늘로 떠오르는 것은 서로 다른 방법인데 전자는 장거리 이동을 할 수도 있지만 주로 단거리 이동에 쓰이는 방법이고, 후자는 주로 장거리 이동 시 사용되는 방법이어서 이런 과정을 겪는 것 같았습니다. 이 두 가지 방법의 유체이탈은 우주 창조주의 법칙에도 없는 돌연변이처럼 나타난 것인지 아니면 그 자체까지 모두 우주 창조주가 설계해서 인간이 살아 있는 동안에 몸에서 영혼체가 나오게 하려면 이런 방법으로 하라고 우주 창조주가 두 가지 방법을 만들어 일부러 고등생명체의 몸속에 숨겨놓은 보물 같은 하늘의 법칙인지도 모릅니다. 이때 육체의 심장이 이 일을 거의 다하는 줄 알았더니 심장은 뛰기만 하고 영혼이 주체자로서 우주여행의 프로그램을 진행하고 있었습니다. 영혼이란 신소립자의 능력은 무궁무진한데 우리 인류의 몸속에 존재하는 영혼에 대하여 우리 인류가 전혀 파악을 못 하고 있으니.

몸통 속을 세차게 자기장이 돌다 못해 마침내 윙윙거리는 소리가 들리고 몸이 흔들리고 떨리던 것이 바로 제 영혼체가 육체에서 떨어지기 위해 그렇게 흔들렸던 것입니다. 이때 영혼체는 진동에 맞는 다른 차원과 연결이 되며 이것은 한 마디로 영혼체가 우주여행을 떠나기 전에 예열이 충분히 되어 육체와 분리되고 곧 출발할 준비가 되었다는 걸 의미합니다. 영혼의 몸, 즉 영혼체는 다른 차원의 입구에 있게 되는 겁니다. 그래서 몸통에서 나오면서 그 차원 속으로 들어가 계속 나아가는 것입니다.

죽은 사람들은 심장이 멈춰 육체의 진동이 없어지기 때문에 그동안 몸속에서 자석처럼 붙어 있던 영혼체가 자동적으로 분리되어 몸속에서 나오면서 사후에 영혼체들이 모이는 곳으로 자동적으로 갑니다. 그런데 생존해 있을 때 심장의 자기장으로 부상하여 다른 차원으로 들어가 비상하는 건 죽어서 가는 차원과 다릅니다. 죽은 자들의 영혼체가 몸에서 나오면 주변에서 임종을 지켜보는 사람들도 영혼체를 볼 수가 없는데 다른 차원으로 들어가지 않는다고 해도 인간과는 물질이 달라 차원이 다른 비물질의 영혼체를 인간들이 보기가 거의 불가능에 가깝습니다. 이건 인간이 신을 볼 수 없는 것과 유사합니다. 그래서 인류가 영혼이 '존재하네' '존재치 않네', 신이 '있네' '없네' 하고 당대의 석학들이 수천 년을 말다툼해도 결론이 안 나는 이유입니다. 우리가 지구 신들을 볼 수 없듯이 인간의 영혼체도 볼 수 없습니다. 영혼체의 두뇌 속에 영혼 신소립자가 들어있습니다. 이것은 인간이 살아 있을 때는 인간 뇌 속에 영혼이 들어 있다가 육체에서 영혼체가 나가게 되면 이 영혼체의 머릿속에 영혼이 들어 있게 되고 육체의 뇌 속에는 영혼이 당연히 없게 되는 것입니다. 이 영혼이 영혼체를 부리니 영혼체가 몸에서 나가면 육체는 영혼 신소립자가 빠져나가 없으니 심장이 뛰고 호흡을 하고 있다고 해도 아무 기억이나 생각조차 할 수 없고 손가락 마디 하나 움직일 수 없게 됩니다. 그래서 말로만 살아 있다고 할 뿐이지 정신적으로는 죽은 거나 다름없습니다. 일반적인 혼수상태는 말을 못 하고 꿈쩍을 못 해서 그렇지 영혼이 두뇌 속에 들어있기 때문에 주위에서 누가 무슨 말을 하면 알아듣고 생각을 할 수도 있다는 점이, 몸에서 유체이탈해 영혼체가 나가서 발생하는 혼수상태와는 완전히 다릅니다.

드디어 '이제 되었다. 우주로 나가자' 하니 윙윙거리던 몸에서 제 영혼체가 분리되어 나가 방 안 천장 아래에 떴습니다. 완벽한 유체이탈입니다. 한 번 방 안을 내려 훑어본 후 '하늘로 올라가자' 하니 바로 떠오르면서 하늘로 오르기 시작했습니다. 올라가면서 아래를 내려다보니 지붕들이 보이는데 마치 여객기 안에서 창밖을 내려다보는 것과 흡사했습니다. 이때 올라갈 때 단단한 지붕을 어떻게 뚫고 올라간 게 아니라 지붕 같은 건 아예 방해물이 안 되고 그냥 지나가는 걸로 봐서 처음부터 다른 차원이나 비물질이라서 지붕 같은 건 아무런 상관이 없었던 것 같습니다. 단지 높은 하늘에서 내려다보니 집과 지붕들이 조그맣게 보여서 제가 어느새 이만큼 올라왔나 하고 생각했을 뿐입니다. 저는 평소에 고소공포증이 있는데 영혼체는 그런 건 아랑곳하지 않고 계속 올라갔습니다. 영혼체는 용감하고 겁먹고 하는 게 없습니다. 그런 건 생명체의 유전자에 각인되어서 나타날 뿐입니다. 그래서 유전자가 없는 영혼체는 여러 가지 면으로 평소 자신과 많이 또는 아주 완전히 다를 수 있습니다. 집에서 나갔을 때가 여명이 되기 전인데 아래 산과 집들이 대낮처럼 잘 보였습니다. 영혼의 눈은 육체의 눈과 시력에서 어두울 때 특히 더 차이가 났습니다. 그래서 인간의 영혼체는 야간에는 대낮보다 어두울 수 있어도 잘 볼 수 있다는 걸 알 수 있었습니다.

차원이란 몇 차원이라 해도 상관이 없습니다. 지구상에는 우주와 연결되어 있는 수없이 많은 차원이 있는데 이런 모든 차원들은 인간의 몸속도 통과하는 것 같았습니다. 그래서 가슴속과 배 속에서 비물리적인 자기장이 아주 강하게 진동하여 주파수가 발생하면 그 주파수에 맞는 차원 속으로 영혼체가 들어간다고 보면 될 것입니다. 이때 차원은 어떤 차원이든지 간에 지구의 물질적인 3차원보다는 높기 때문에 단단한 지붕이나 암석, 철판 같은 건 있으나 마나 그냥 무사통과입니다. 물론 이것은 영혼체가 비물질이라서 그럴 수 있겠지요. 그리고 높은 차원에서 이 물질적인 지구의 3차원을 바라보면 다 보입니다. 즉 위 차원에서 아래 차원은 보이는데 아래 차원에서 위 차원은 볼 수 없습니다. 보이지 않기 때문입니다. 이런 차원을 영혼체는 육체 속에서부터 맞춰 나온다고 봐야 합니다. 그래서 다시 방 안에 있는 몸속으로 돌아올 때까지 그 상위 차원 속을 다니는 것입니다.

벌써 높이 올라왔습니다. 이제 사람 사는 세상이 안 보입니다. '더 높이 올라가자' 하고 마음먹으니 영혼의 몸이 계속 높이 올라가고 있는데 어디서 무슨 소리가 난 것 같아서 이리저리 휘돌아보아도 아무것도 안 보였는데 분명히 무슨 소리가 아주 조그맣게 난 것 같았습니다. 이상하다고 생각하며 속도를 줄여 천천히 올라가면서 이리저리 찾아보고 있는데 누군가를 부르는 소리가 계속 나는 것 같아서 '누가 나를 부르나' 하고 그 소리 나는 쪽을 찾아보았습니다. 바로 왼쪽 멀리 아래에서 검은 점 같은 게 보이는 듯싶더니 금방 쏜살같이 날아올라오는데 올라오면서도 저를 계속 부르는 게 아주 급하게 부상해서 저를 못 가게 멈추라고 하는 것 같았습니다. 검은색의 머리카락이 긴 사람이 올라왔는데 저를 부를 때 어떤 호칭이나 명칭을 쓰는 것도 아니고 그냥 뜻 없는 소리를 크게 지르며 멈추라는 듯 오른손을 흔들며 날아 올라왔습니다. 저는 '기다릴까' 하고 마음먹으니 그냥 그 자리에 멈춰졌습니다. 아래에서 올라오는 그 사람을 쳐다보다 보니 공중에 떠 있는 제 두 다리가 보였습니다. 처음에 사람이 너무 멀리 떨어져 아예 조그만 점 같은 것 하나도 안 보이는 거리인데도 소리가 아주 조그맣게 들려온 게 이상했습니다. 텔레파시가 이렇게 멀리 오나 했습니다.

사람이 날아오는 모습이 새처럼 날아오는 게 아니라 거의 선 채로 오는데 제 위치보다 훨씬 아래 왼쪽에서 올라왔습니다. 그런데 빨리 온 속도에 비해 숨도 안 차는가 변화가 없이 태도가 차분했습니다. 그래서 저도 생각해보니 제 자신도 숨을 안 쉽니다. 수염이 없고 검은 머리카락이 길어서 처음에 멀리서 볼 때 여자인가 했습니다. 머리카락은 다른 색깔이 하나도 없이 완전히 검었는데 윤기가 났습니다. 가까이서 자세히 보니 남자나 여자라는 어떤 특징적인 외모가 안 보였지만 남자였습니다. 옷은 화려하든지 뚜렷한 색깔도 아니고 어두운 색깔도 아닌 약간 밝은 계통의 평범한 옷을 입었고, 저와 서로 얼굴을 마주 보기 때문에 키가 얼핏 비슷하게 느껴졌습니다만 실제로 땅 위에 똑바로 서 있는 게 아니라 공중에 떠 있기 때문에 발 위치에 따라 키가 다를 수 있어서 키에 대해서는 확실히 알 수 없었지만 저보다 훨씬 큰 것 같아 2m도 넘으려나 했습니다. 얼굴색은 뽀얀 할 정도가 아니라 아예 흰색이었습니다. 처음 본 순간 얼굴이 어떻게 이렇게 하얀 할 수 있을까 하고 의아하게 생각했습니다. 얼굴에 흰 우유를 묻혀 놓으면 구별할 수 없을 정도였습니다. 검은 머리카락은 곱슬거리지 않고 모두 반듯하게 어깨 조금 아래까지 내려갔습니다. 저를 향해 날아오는데 검고 긴 머리카락이 하나도 흩날리지 않고 어깨 아래로 단정히 내려진 채로 그대로 날아왔습니다. 입은 옷자락도 조금도 흩날림이 없었습니다. 물질세계의 공기 마찰이나 바람의 영향을 하나도 받지 않았는데 다른 차원 속이라 가능한 일이었습니다.

저보다 얼굴이 젊게 보일 정도가 아니라 얼핏 볼 때 한참 젊게 보여 30대 중반 정도나 더 나이 먹었다면 40대 초반까지로도 볼 수 있었습니다. 그런데 무엇이 이상했습니다. 젊은 사람으로 느껴지지 않고 저보다 나이가 훨씬 더 많은 것 같이 느껴졌습니다. 제 나이는 60대 후반으로 얼굴 피부가 늙고 흰머리도 많은데 이 존재는 참으로 기이하고 신기했습니다. 나이를 저보다 많이 먹었으나 원래 수명이 인류보다 훨씬 길어 얼굴 피부가 젊게 보이는지 아니면 노화가 거의 멈추다시피 한 외계 인간에 속하는지 그건 알 수 없으나 얼굴에 잔주름도 안 보이고 새치가 하나도 없는 윤기 나는 검은 머리카락이 일직선으로 어깨 아래까지 내려왔습니다. 외모가 지구인이 아닌데 제가 죽은 사람이 아니라 살아 있는 사람의 영혼체라는 걸 이미 알고 있었습니다. 이렇게 제 영혼체를 알아보는 것이 이 존재도 저처럼 외계행성의 살아 있는 존재의 영혼체인가 아니면 지구인보다 영적으로 훨씬 발달된 외계인인가 그것도 아니면 신계에 속하는 신인가 하는 의문이 꼬리를 물었습니다만 신적인 존재인 것만은 확실했습니다.

그는 제 옆에 도착해서도 저한테 어느 국가에서 온 누구냐고 묻지를 않았습니다. 그리고 자기 자신도 소개하지 않았습니다. 마치 저에 대해서 모든 걸 다 알고 있는 것 같았습니다. 그런 느낌이 텔레파시로 왔습니다. 우주로 나가는 저를 불러 세워놓고는 인사 한마디 없는 것이 그랬습니다. 첫마디가 저한테 친한 친구 말투로 '지금 어디 가냐' 하고 반말로 물어서 기분이 이상했지만 저는 이번 여행이 처음이라 가본 곳이 없어서 어디 잘 알 만한 특정 장소를 말하기는 좀 그랬습니다. 그래서 그냥 막연히 '우주로 나가려고 합니다' 하고 말하니 그가 '그럼 함께 가자' 하고 계속 반말로 말했습니다. 어디로 가고 싶다고 말하기도 그랬지만 사실 속으로는 초저녁에 서쪽을 밝게 밝히는 금성을 우선 가보고 싶었습니다. 우리 둘의 말이 한국말로 다 통하길래 처음에는 한국 사람도 아닌 것 같은데 이상하다고 생각했습니다. 그런데 이런 것이 우리가 입을 벌려 발화로 말해서 소통되는 게 아니라 텔레파시였습니다. 마음속으로 말하고 답하는 게 마치 입으로 말하는 것처럼 다 통했습니다. 그냥 묻고 답하는 게 저한테는 다 한국말로 통했습니다. 물론 제 마음속의 말은 그쪽 별나라 말로 알아들었을 겁니다. 그래서 상대방의 목소리도 알 수 없어서 날아오는 모습만 보고 여자인가 남자인가 처음에 알기가 어려웠으나 그래도 어떤 기운이 풍기는 말과 행동 그리고 얼굴에서 풍기는 기운 자체가 완전한 남자여서 제 옆에 도착하자마자 바로 알 수 있었습니다. 그러고 보니 아까 보이지도 않는 곳에서부터 저를 부르면서 하늘로 날아 올라왔는데 텔레파시는 이렇게 멀리서도 통했습니다. 물질세계에서는 텔레파시가 이렇게 멀리까지 갈 수가 없는데 물질세계보다 높은 상위 차원에서는 아주 멀리까지도 텔레파시가 갈 수 있기에 들려온 겁니다. 차원이 높을수록 텔레파시는 더 멀리 갑니다.

이때 저는 속으로 혹시 히말라야 산속이나 티베트 산속에서 저한테 올라왔나 했습니다. 티베트에서 올라왔다면 포탈라궁이나 어디에서 왔다고 말하면 제가 가보지는 않았어도 관광지로 유명해서 이름만 들어도 좀 알 수도 있는데, 어디서 왔다고 말하지 않는 걸로 미루어 자기가 있는 곳이 깊고 험한 산속이라 지명이 없을 수도 있어서 말 못 할 수도 있을 것이고, 또는 자기가 있는 곳을 알려주어선 안 되는 특별한 이유가 있어서 말 못 한다든지, 그래서 저는 어느 깊은 산속에 머무는 존재가 올라왔는가 보다 해서 막연히 히말라야나 티베트에서 올라왔나 하고 지레 짐작했던 것입니다. 그가 올라온 방향도 대충 그쪽이었지만 현재 위치가 너무 높아 그쪽 산맥들을 구분하기가 쉽지 않았습니다. 그의 얼굴에서 풍기는 기운이 어떤 임무 같은 것을 비밀을 지키며 잘 엄수하는 그런 강직한 사람으로 느껴졌습니다. 즉 특수부대 요원 같았습니다. 그래서 상대가 말하지 않을 걸로 생각하고 저도 웬만하면 묻지 않았습니다. 그게 둘이 다 속이 편할 것 같았습니다. 외계행성에서 어떤 목적으로 지구에 왔다가 히말라야나 티베트 어딘가에서 비밀히 머무는 이 존재가 설령 외계인이라고 한들 차원이 낮은 지구인들은 이 외계인을 볼 수 없을 것입니다. 저도 영혼체라 이 존재를 볼 수 있지, 제가 다시 인간으로 돌아간다면 이 존재가 제 옆에 있다고 해도 볼 수 없을 것입니다. 그 사이 지구 대기권을 넘어선 것 같았습니다. 실제로 저한테 대기권이고 무엇이고 보이지도 않고 구분도 안 되었습니다. 그냥 올라가다 보니 순간적으로 대기권을 벗어나는 것 같아서 대기권을 넘어선 것 같다고 생각했습니다.

저는 지구를 벗어난 김에 다시 기회를 잡기 어려울 수도 있어서 그동안 가보고 싶었던 금성을 가볼까 하는데 이 사람이 텔레파시로 제 속마음을 읽었는지 제 얼굴을 쳐다보면서 '여기서는 달이 가까우니 달이나 갑시다' 하고 권하듯 말해서 대답 없이 그냥 따라갔습니다. 이번에는 미안했는지 존댓말을 썼습니다. 이 사람은 전에 달에 가본 것 같은 경험자로 느껴졌고 저는 처음이니까 이 존재를 따라가는 게 좋겠다는 생각이 한편으로 들기도 하였습니다. 함께 가면서 이 사람이 달의 어디로 목적지를 정해서 갈지 몰라 이때부터는 제가 뒤따라가는 양상이 되었습니다. 계속 이곳에 올 때까지는 제가 조금 더 빨리 날아왔습니다. 그래서 제 마음속으로 제 영혼의 힘이 더 강한가 하면서 이 사람이 바로 따라올 수 있도록 제 딴에는 속도를 조금 늦춰 주며 날아왔습니다. 그렇지만 이 사람이 고의로 저보다 천천히 뒤에서 따라와 주었는지는 모르겠습니다. 이제 우리 둘은 일행이 되어 달로 향했습니다.

지구에서 보름달을 쳐다보면 저는 곰이 오른쪽을 향해서 웅크리고 앉아 있는 자세로 보이곤 했습니다. 그런데 달로 가면서 이와 같은 경치가 보이나 했는데 우리가 달 쪽으로 가니 달은 밝고 큰 보름달이어서 지구에서 바라보는 곰 형상을 제대로 찾을 수 없이 다른 경치로 보였습니다. 우리는 계속 달 쪽으로 날아갔습니다. 달을 향해 가다가 더 가면 이보다 더 좋은 광경은 없을 것 같아 멈춰 섰습니다. 제가 멈추니 일행도 멈췄습니다. 일행은 제 왼쪽 옆에 3m도 안 되게 떨어져 서서 달을 쳐다보고 있는 제 얼굴을 옆에서 수차례 쳐다보곤 했습니다. '아니, 이 위치(자리)를 어떻게 알고 있지?' 이 위치(자리)가 달을 바라보기에 가장 좋은 곳인데 달에 처음 오는 지구인이 이 위치를 어떻게 알고 있느냐 하는 듯이 보입니다. 우리 앞에 엄청 크게 보이는 둥근달이 떠 있습니다. 보름달처럼 환하게 햇빛을 반사하는, 지구에서 보는 보름달 크기의 150개 정도나 그 이상 되는 큰 달을 이렇게 우주 공간에 선 채 보는 것은 지구에서 보름달을 보는 것과는 아예 비교할 필요조차 없는 아주 멋지고 황홀한 광경이었습니다. 지구의 우주선들도 달에 가던 도중에 우주 공간에 멈춰 서서 저처럼 이렇게 구경할 수 없을 테니 저는 얼마나 행복한가 하는 생각이 들었습니다. 더구나 먼지나 대기권이 없어서 태양빛을 100% 다 반사하여 더 이상 아름다울 수 없는 이런 멋진 달이 지금 제 앞 우주 공간에 엄청 크고 동그랗게 화사한 노란색으로 빛나며 환하게 떠 있습니다. 아름다움에 영혼의 눈이 부실 정도였습니다. 희열을 느끼며 바라보는 달은 한 마디로 장관이었습니다. 처음 보는 이 광경에 완전히 매료되고 압도되었습니다. '아! 달이 이렇게 멋있고 아름답다니' 가히 환상적이었습니다. 제 영혼체의 어떤 힘이 솟아나는 걸 느꼈습니다. 그런데 알고 보니 이 힘은 달과의 거리가 제일 중요했습니다. 이걸 일행은 알고 있었기 때문에 제가 달빛의 힘을 가장 많이 받을 수 있는 위치를 나사의 우주선보다 수십 배나 더 빠르게 날아가면서 어떻게 정하고 멈추었는가 하는 것이 궁금한 듯 제 얼굴을 여러 차례 쳐다보곤 했습니다.

왜 지구에서는 보름달을 바라보면서 이런 힘을 느낄 수 없을까 하는 의아심이 생겼습니다. 저는 집에서도 보름달이 떠 있는 밤이면 밖에 나와 아무리 추운 겨울날이라도 수십 초간 쳐다보곤 했습니다. 저는 이 세상의 모든 빛과 색깔에 어떤 힘이 있고 햇빛뿐만 아니라 밤하늘의 달빛과 별빛에도 어떤 힘이 있다고 믿고 있습니다. 그런데 제 영혼체가 이 엄청나게 큰 달의 빛을 우주 공간에서 온전히 받고 있으니 정말 어떤 힘이 느껴졌습니다. 집에서는 작은달을 보면서 잠깐이라도 두 손을 합장하는데 이때는 환상적인 달을 영원히 기억하기 위해 눈만 깜박이며 계속 바라볼 뿐 합장을 하지 않았습니다. 엄밀히 말하면 외계인 앞에서 합장하고 기도하기도 싫었습니다. 아무리 신적인 존재라 해도 일행도 기도를 하지 않고 있거든요. 그 순간에 기도가 차원이 낮은 고등생명체들이 하는 것이냐 아니면 차원이 높아도 하는 것이냐 그것도 아니면 차원이 높으면 하지 않아도 되는 것이냐, 물론 대상이 달 정도밖에 안 되지만 마음은 그게 아닌데 하면서도 한마디로 신적인 일행에게 꿀리는 것 같아 대등해지기 위해 달을 보며 합장도 하지 않았다는 표현이 맞을 것입니다. 그렇지만 마음속으로는 기원을 했습니다. 그러면서도 일행이 텔레파시로 그런 제 영혼 속의 속마음을 읽을까 봐 제 영혼의 마음속의 파동을 억제했습니다만 영혼체의 얼굴도 표정은 안 변할망정 기원 따라서 아주 미세하게 변하는 것도 있고 텔레파시가 아주 약하게나마 나올 수 있기 때문에 일행이 눈치를 챘을 것이라 생각도 했습니다.

둥근달의 맑고 화사한 노란빛을 영혼체는 계속 느꼈습니다. 사실 영혼체의 눈과 인간의 눈의 색깔 구분은 미세한 차이가 있습니다. 그 미세한 차이가 감정을 더 풍부하게 만드는 것 같습니다. 인간은 정치, 경제, 문화, 예술, 질병, 의식주 등에 따르는 사회생활로 이성적이고 때로는 냉철할 수도 있는데 영혼체는 그럴 필요가 하나도 없기 때문에 그와는 완전히 다릅니다. 영혼체는 이성적으로 냉철하게 생각도 할 수도 있지만 생각하는 근본 바탕에 감정이 주를 이룹니다. 색깔도 더 아름답게 그리고 더 황홀하게 느낍니다. 영혼체는 아프지도 않고 먹고 마시지도 않고, 돈이나 명예나 모든 물적인 것이 필요 없으니 욕심도 없으며 세상은 더욱 아름답게만 보이고 또 가고 싶은 곳을 생각만 해도 그곳으로 자동으로 이동해지고 그래서 그런지 영혼체가 육체에서 나가면 걱정이나 두려움이 하나도 없고 편안합니다. 아마 천국의 마음을 갖고 있다면 바로 이런 것일 겁니다. 그러나 이런 달을 영원히 보고 싶은 욕심이나 이로 인한 고민 같은 건 있습니다. 저는 달을 3분 이상 바라보고 있었습니다. 어떤 대상으로부터 어떤 기운(좋은 힘과 에너지 등)을 얻기 위해서는 어느 정도 오래 있을수록 좋지만 최소한 3분 이상은 받아야 된다는 걸 알고 있기 때문입니다.

달을 바라보며 속으로 탄복하다가 달 아래쪽을 보기 위해 조금 고개를 숙이니 제 두 다리와 일행이 우주 공간에 떠 있습니다. 그런데 조금 전부터 일행이 웬일인지 옆에서 제 얼굴을 몇 차례 쳐다보았습니다. 달에 갈 것이 급해서 그러나 아니면 제가 달을 보면서 방출되어 나오는 저의 영적인 것들을 텔레파시로 느껴서 그걸 가늠해보려고 그러나 하면서 저는 다른 곳에 또 멋진 별이 있나 하고 둘레를 살펴보니 지구에서 볼 때보다 더 반짝이고 크게 보이는 별 금성이 보였습니다. 별들이 다들 지구에서 볼 때보다 먼지가 없이 깨끗해서 그런지 더 반짝여서 조금씩 더 크게 보였습니다. 오리온 별자리를 보려고 한번 쳐다보았으나 각도가 달라서 그런지 바로 찾을 수 없어서 그만뒀습니다. 그도 제가 고개 돌리는 걸 보고 달을 충분히 봤다고 생각했는지 '갑시다' 하면서 제 얼굴을 보더니 먼저 달 쪽으로 날아가 저도 바로 뒤를 따랐습니다. 우리는 서로 말없이 달로 향했습니다. 차츰 달에 가까이 다가갈수록 조금 전에 보았던 달의 아름다움과 멋이 줄어들었습니다. 물론 가까이 갈수록 달빛의 반사각이 달라짐에 따라 색깔의 강도나 경치까지 조금씩 달라졌습니다.

우리는 달의 적도에서 맨 오른쪽 약간 위로 돌아 달의 뒷면으로 갔습니다. 그런데 우리가 빠른 속도가 아니라고 느꼈는데도 이상하게 달에 굉장히 빨리 도착했습니다. 지구물리학은 상관없었습니다. 지구에서 말하는 시간과 공간이 아니었습니다. 이 말은 거리는 생각할 필요가 없이 목적지만 생각하면 되었고 시간이란 건 아예 존재하지 않았습니다. 생각하면 그만큼 순간적으로 생각한 바와 같이 가는 것인데 거의 대부분을 못 느끼지만 어쩌다 가는 과정을 순간적으로 아주 미세하게 느끼기도 했습니다. 이게 마음으로 느끼는 것인데 영혼체의 피부가 먼저 그 역할을 아주 미세하게 해준 것 같았습니다. 마치 피부로 느끼는 것처럼. 우주여행이지만 일종의 차원 여행이었습니다. 하여간 우리가 미국 나사에서 발사하는 우주선처럼 엄청 빨리 날아오지도 않는 것 같은데 그런 우주선의 속도는 아예 상대도 되지 못하게 엄청 빨리 달에 도착했습니다. 아니면 우리가 엄청 빠른데 다른 차원 속이라 속도를 그렇게 못 느끼나 싶었습니다. 사실 영혼은 상위 차원 속에서 영혼체에 스쳐가는 것들이 거의 없기 때문에 속도감을 제대로 느낄 수 없는지도 모릅니다. 지구에서 달까지 거리에 비해 온 시간이 굉장히 짧은 불과 몇 분 만에 온 것입니다.

그런데 달에 내려가면서 일행은 제가 묻지도 않았는데 자신이 '달에 오늘까지 몇 번 왔다'고 제게 말해주었습니다. 저는 달을 쳐다보면서 딴생각을 하다가 몇 번 왔다고 말한 횟수를 못 알아들었습니다. 그러나 현재까지 네 번 왔는가 보다 하는 느낌을 그 말과 동시에 받았습니다. 몇 번 왔다고 말하면서 저에게 달에 몇 번째냐고 묻지 않는 걸로 봐서 그는 제가 달에 처음으로 오는 걸 확실히 알고 있다는 생각이 들었습니다. 그럼 어떻게 알았을까. 제가 우주로 처음 나오니 어딘가 모르게 미숙한 점들이 보여서 그랬을 수도 있고, 지구인의 살아 있는 사람의 영혼체가 처음으로 올라왔기 때문에 알 수 있었을 것이다란 생각을 하면서도 지상 어디에서 우주로 나가는 영혼체를 잡는 레이더 같은 걸로 제가 올라가는 걸 알아채고 늦었다 싶어서 급히 올라온 걸까. 그것도 아니면 달에 볼일이 있어서 지구를 출발하다 보니 제가 앞쪽에서 먼저 사라지는 걸 보고 함께 가자고 소리쳤던 걸까. 그건 알 수 없었지만 달에 가기 위해 출발해서 저를 만난 건 아닌 것 같았습니다. 제가 멀리 떨어져 있어서 보이지도 않았는데 소리부터 지른 걸 볼 때 그랬습니다. 소리가 난 것 같은데 아무리 뒤돌아보아도 저는 처음에 아무것도 볼 수 없었기 때문입니다. 레이더 같은 것으로 알아채고 올라왔다면 이건 지구인들의 영혼체에게 보통 일이 아니라는 생각이 들었습니다. 좋은 일보다는 안 좋은 목적으로 지구인의 영혼체를 단속하고 관리하는 일일 수도 있기 때문입니다. 그래도 강인해서 입이 아주 무겁게 보이는 일행이 자기 스스로 달에 몇 번 왔다고 말도 해주는 것으로 보아 저를 나쁘게 생각하지 않는 것 같았습니다. 솔직히 그런 말을 해주는 게 일행 입장에서는 쉬운 일이 아닐 겁니다. 왜냐하면 제가 달에 온 횟수로 대충 어떤 일로 왔을 것인가를 유추해낼 수도 있기 때문에 그런 것은 보안사항에 가까운데 그런 걸 스스럼없이 말해주는 것으로 보아 그동안 같이 오면서 함께 달구경도 하고 제 영적인 면을 느껴보면서 일행의 기분이 많이 풀린 것 같아 저도 따라서 기분이 좋아졌습니다.

달에 착륙하기 위해 내려갈까 생각하니 아파트로 치면 10층 정도의 높이에 금방 내려와 있었습니다. 우리가 내려간 곳은 분화구가 하나도 안 보이는 분지였습니다. 조금 높은 구릉 같은 게 있었지만 아주 끝없이 멀리까지 깨끗하게 잘 보였습니다. 그런데 아무리 찾아보아도 땅 위에 커다란 바위가 하나도 보이지 않았습니다. 삭막하고 황량한 경치지만 땅 흙 색깔은 지구의 황토색과 비슷하면서도 황토보다도 더 부드러워 보였는데 그래서 그런지 평화로운 느낌마저 들었습니다. 먼지처럼 이렇게 고운 황토 미세먼지가 두텁게 많이 쌓인 것이 비나 바람이 없으니 그렇게 된 것 같다고 얼핏 생각할 수 있지만 공기도 없는 이곳에서 그렇게 된다는 건 어려운 일이고, 원래 생성될 때 그대로 남아 있어야 하는데 바위 하나 없이 황토 미세먼지가 이렇게 많이 쌓였다는 건 단단한 고체를 모두 이렇게 만든 무엇이나 또는 무슨 일이 있었다는 말이 됩니다. 바람이 안 불어서 다행이지 바람이 분다면 황토 미세먼지가 엄청 많이 일어날 것처럼 생각되었습니다. 당연하지만 땅 위에 초록색 나무나 풀 한 포기 보이지 않으니 그것도 기분이 이상했습니다. 지구는 기온 차나 눈, 비, 폭풍 등으로 바위들도 아주 오랜 세월에 걸쳐서 삭을 수 있지만 달은 그런 조건이 거의 없는 데도 이 넓은 분지가 온전히 다 삭아서 표토층이 모래가 아니라 황토 미세먼지로 두텁게 쌓여 있는 것이 마치 언제인가 강력한 핵폭탄이 폭발하여 이 넓은 분지를 초토화시킨 것 같은 인상을 주었는데 매우 인상적이었습니다. 그래서 이 일대에 어떤 건축물(구축물)이 얼마 크기로 어떻게 있었을까를 짐작해 보았습니다. 그런 저를 쳐다보는 일행이 제 마음에서 나오는 텔레파시를 느끼고 순간적으로 마음이 흔들리는 것 같았습니다. 처음 이곳에 오는 제 생각에 무척 놀란 모양입니다. 왜 놀랐을까 이상하네.

처음에 아무것도 없는 것처럼 보였는데 일행을 따라서 내려가니 그 집을 전부터 알고 있어서 그리 내려갔겠지만 조그만 집 한 채가 있었습니다. 그런데 생물체는 아무것도 안 보였습니다. 그래서 그 집을 지나서 조금 더 나아갔습니다. 뒤돌아보니 잠깐 온 것 같아도 우리가 너무 멀리 왔는지 조금 전에 지나온 집이 안 보였습니다. 우리 앞에 또 한 집이 있었는데 집은 아까 그런 집이었지만 그 집보다는 조금 컸습니다. 조금 커도 혼자나 둘이 살기에 적당한 그런 정도의 크기였습니다. 그런데 달에서는 당연한 일이지만 아까 그 집과 이 집, 두 집이 모두 똑같이 담장, 정원, 텃밭, 수도꼭지, 전봇대 등이 없이 집 한 채만 덩그러니 있으니 이상했습니다. 집도 지붕이나 벽이나 창문이나 모두 땅 색깔과 같아서 얼핏 볼 때 보이지 않았습니다. 그래서 저는 처음에 첫 집이나 두 번째 집을 못 알아보았습니다. 그런데 어느 정도 내려와 공중에 떠 있는 채 건물의 약간 옆쪽에서 보니 땅과 건물이 구별이 갔고 조그만 창문도 보였는데 유리가 아니었습니다. 조그만 집은 나무로 만든 집도 아니고 콘크리트 집도 아니었습니다. 지붕이 있었지만 기와나 나무, 콘크리트가 아니었습니다. 나무판자 같은 걸 사용했는데 실제로 나무가 아닌 것처럼 보였습니다. 나무판자처럼 보일 뿐 저도 모르는 자재였습니다.

마당에 검은 머리가 긴 사람이 한 명 서 있었습니다. 머리가 여자처럼 길어서 일행의 아내인가 하면서 보니 남자였습니다. 반듯한 검은 머리카락이 어깨 밑으로 내려왔습니다. 이 사람도 제 일행처럼 검은 머리카락에 얼굴이 흰색이었습니다. 키도 제 일행과 비슷했고 나이도 비슷하게 보였으나 두세 살 정도 많은 것도 같았습니다. 제 일행과 이 사람은 얼굴 피부도 똑같이 흰색이고 머리, 옷 등 겉모습이 서로 비슷해 같은 종족으로 생각되었습니다. 그런데 그 집 사람이 제 일행을 보고 인사로 아는 체를 하며 '누구야?' 하고 묻는 게 저에 대하여 물어보는 것 같았습니다. 일행이 '지구인'이라고 말하니 달 사람이 지구인이 왔다는 게 이해가 안 간다는 듯 되묻는데 이번에는 약간 말하는 톤을 바꿔 제가 못 알아듣게끔 이상한 톤으로 갑자기 '어느 행성인?' 하는데, 지구인이라는 건 말도 안 되고 일행이 다른 어느 행성인이라고 말하는 걸 자기가 지구인으로 잘못 들었나 해서 되묻는 것이었습니다. 그러자 일행이 조금 전에 한 말을 달 사람이 잘못 알아들었나 하는 표정으로 달 사람과 같은 이상한 톤으로 다시 한번 '지구인'이라고 다시 말해주었는데 저한테 미안했는지 소리는 조심하느라 조그마했습니다. 그러자 달 사람이 갑자기 돌변하여 '웬(무슨) 지구인을 여기에 데려와?' 하는데, 너무 어처구니없어서 화가 난 듯 큰소리로 나무라는 투였습니다. 저는 지구인이 여기에 오면 안 될 일이라도 있나 했습니다. 그러자 일행이 제 얼굴을 한번 힐끔 쳐다보더니 조금 전보다도 더 이상한 톤으로 달 사람에게 은밀하고 조그맣게 '이 사람이 우리말을 다 알아들어, 특별한 지구인, 특별한 영혼(영혼체)이라고, 말조심해' 하면서 평소 텔레파시와는 다르게 변형된 제2의 텔레파시를 사용했습니다. 그런데 일행이 이 말을 할 때는 저하고 대화할 때 쓰는 텔레파시하고는 다르고 조그만 소리였지만 그래도 제가 달 사람과 일행이 하는 말을 다 알아들었습니다.

저는 일행이 제가 말을 다 알아듣는다고 '말조심해'라고 할 때는 달 사람이 평소에 남을 무시하는 버릇이나 말하는 버릇이 안 좋은 게 있는가 보다 했습니다. 그러면서도 일행이 저를 데리고 여기에 온 게 달 사람은 엄청 싫은가 보다 하고 생각했습니다. 이렇게 싫어할 줄 알면 애당초 일행이 저를 데리고 이곳에 안 와야 했습니다. 그런데도 저를 데리고 왔으니 무언가가 찜찜하게 느껴졌습니다. 달 사람은 지구인을 자기들 아랫급으로 보고 무시하나 하고 순간적으로 그렇게 느끼기도 하였습니다. 아니면 일행이 자기랑 동족이지만 지구에 거주하고 있으니 어떤 이유로 나랑 함께 다 무시하나 싶었습니다. 그런데 조금 있다가 달 사람이 일행이 들으라는 듯 뭐라고 말을 하는데 빠르고 큰 소리로 막 지껄였습니다. 우리는 그 집 옆쪽으로 지붕보다 더 높은 위치에 떠 있었습니다. 달 사람과 거리가 한 30m 정도 떨어져 있으니 우리 들으라고 큰 소리로 말했을 것이나 떨어진 거리치고는 말소리가 너무 컸습니다. 말은 상당히 빨랐는데 음의 높낮이가 있으며 도저히 제가 알아들을 수 있는 말이 아니었습니다. 텔레비전 방송에서 지구의 각 민족들 언어가 나올 때의 지구상의 말과는 뭐라고 비교하기도 어렵게 말투 자체가 완전히 달랐습니다. 말이 굉장히 빠르면서 크고 시끄럽게 들려서 저 때문에 기분이 매우 언짢은가 보다 하고 생각했습니다. 제 일행이 은밀하고 조그맣게 제가 다 알아들으니 말조심하라고 했기 때문에 달 사람은 이번에는 제가 못 알아듣는 자기네 언어로 말한 것 같았습니다. 그런데 이 말은 입으로 발화하여 말하는지 텔레파시인지 멀리 떨어져 있어서 입을 보고 구별하기가 어려웠습니다만, 달 사람의 말소리는 얼굴은 인간형인데 마치 혀가 긴 파충류나 양서류 인간이 말하는 것처럼 들렸습니다. 왜냐하면 바다에서 긴

너울이 빨리빨리 파도치는 것처럼 말했기 때문입니다. 달 사람의 말이 제게 다 들리긴 하는데 한국어로 번역되지를 않았습니다. 그래서 순간적으로 텔레파시가 아닌가 그것도 아니면 텔레파시지만 상대가 이해 못 하게 고의로 저렇게 말할 수도 있나 하고 생각했습니다. 그런데 문제는 실제로 저렇게 입으로 말했나 하는 것이었습니다.

그들이 영혼체인 저를 알아보니까 처음에는 그들도 영적으로 발달된 외계인의 영혼체 아니면 신계의 신일 것이다 하고 좋게 생각하고 있었는데 제가 들을 때 말 자체가 텔레파시하고 달라서 입으로 직접 발화하여 말했다는 느낌이 오니 그렇게 되면 일단 영혼체나 신이 아니고 영적으로 발달된 외계인이라는 말인데 어느 행성의 외계인인지 정확히 알 수 없었습니다. 그때까지 제 일행은 저한테 말할 때 입으로 직접 발화하지 않고 계속 텔레파시로만 말해서 원래 말을 텔레파시로만 하나보다 했습니다. 일행은 한국 사람이 아니었지만 저하고 그냥 한국어로 말하는 것처럼 텔레파시가 다 통했는데 달 사람의 이 말은 안 통했습니다. 그래서 제가 일행에게 '저 사람이 방금 뭐라고 말한 겁니까?' 하고 물으니, 지난번에(오래된 것 같은데 말은 지난번이라 했음. 이건 텔레파시를 느낌으로 알기 때문에 어찌 보면 제가 오래된 것처럼 그렇게 느끼는 건 제 일행의 생각을 그렇게 읽을 수가 있어서 그런 것 같음) 일행이 다른 사람과 함께 왔을 때 다른 사람이 저 달 사람에게 뭐라고 말해줬는데, 저 달 사람이 하는 말이 '이제 와서 알고 보니 그 말이 거짓말이더라' 하고 제게 말해주는 걸로 보아 제 일행은 달 사람의 말을 알아들었습니다. 말을 알아듣고 외모도 같은 걸로 보아 같은 언어를 사용하는 같은 행성의 종족이 분명했습니다. 일행이 그때 당시 함께 온 사람이 달 사람에게 '무슨 말을 했는지 확실히는 모르겠다' 하고 제게 말했지만 내용을 짐작은 하는 것 같았습니다.

지난번에 제 일행과 함께 온 그 사람은 지구인이 아니라는 느낌이 들었습니다. 달 사람이 저를 보고 처음에 '웬 지구인을 데려와' 했을 때는 이곳에 지구인이 와서도 안 되지만 그때까지 한 명도 온 일이 없었다는 말도 됩니다. 일행은 전에 함께 왔던 사람이 저와 같은 지구인이라고 말도 안 했지만 제 일행이 그 사람을 지구인이라고 생각을 안 하는 걸로 느껴졌습니다. 일행이 저에게 하는 말을 들어볼 때 전에 일행과 함께 왔던 사람이 달 사람에게 한 말이 거짓말은 아닌 것 같은데 무엇이 잘못되어 달 사람이 오해하는 것처럼 느껴졌습니다. 그런데 이 느낌이란 것도 제 일행이 무엇이 잘못되었다고 그렇게 느끼고 있는 걸 또 제가 일행 걸 그렇게 느끼는 것 같았습니다. 말하자면 제 일행의 생각을 복사하는 것입니다. 텔레파시는 상대의 속마음이 이렇게 느껴지기 때문입니다. 하여간 일행은 달 사람과 잘 알고 있는 사이이면서도 무엇인가 저에게 말하기 싫다든지 아니면 숨기고 싶은 것이 있는 것 같았습니다. 달 사람이 제가 못 알아듣는 말을 일행에게 자기네 언어로 할 때는 제가 들어서는 안 될 심각한 이야기든지 아니면 지구인인 저를 무시하고 조롱하는 말일 수도 있었습니다. 일행이 전에 다른 사람과 함께 와서 달 사람을 만났다고 할 때 다른 사람은 지구에 거주하는 일행과 같은 종족이지만 동료는 아닐 수도 있고 아니면 함께 일하는 동료지만 다른 종족일 수도 있으며 이것도 아니면 다른 행성의 외계인일 수도 있습니다. 이것은 액면 그대로 받아줄 때 그렇게 생각되고, 어쩌면 함께 온 사람도 없었는데 달 사람이 저라는 지구인에 대하여 굉장히 안 좋게 말하니까 괜히 미안하여 일행이 저한테 그렇게 둘러 붙이는 변명일 수도 있었습니다.

제 생각엔 지구보다 과학이 고도로 발달하고 또 차원도 높은 행성에서 왔으니 제가 지구인이라 우습게 알고 차별해서 무슨 안 좋은 표현을 사용해 일행에게 막 퍼부은 것 아닌가 싶었습니다. 처음에는 제 일행의 말대로 일행과 함께 온 사람이 달 사람에게 무슨 거짓말을 했는가 보다 하고 액면 그대로 믿어줬는데 무언가가 이상해서 이렇게 달리 생각을 해본 것입니다. 달 사람이 거짓말에 대하여 말하려고 했다면 그냥 제가 알아듣는 텔레파시로 말해도 되는데, 제 생각에는 그렇게 대단한 이야기도 아닌 것 같은데 그런 걸 갖고 제가 못 알아듣는 외계의 모국어로 자기들끼리 말하는 걸 보니 좋게 생각하기가 어려웠습니다. 정말로 거짓말에 대하여 말했다고 해도 지구인인 제가 못 알아듣게 제 면전에서 말하면 오해할 만하지요.

그런데 제 일행은 자기 마음속을 저한테 읽히지 않으려고 무척 노력했습니다. 이게 다 느껴졌습니다. 텔레파시에서는 마음속을 읽히지 않는 자가 능력자로서 상대를 능가한다고 봐야 하는데 이게 무척 어렵습니다. 상대의 마음에서 어떤 미세한 진동이 방출되어 그걸로 텔레파시가 느껴지는데 일행은 제가 그 모든 걸 느껴서 알고 있다는 걸 알아챘는지 자신의 텔레파시 진동을 제어하려고 노력하는 것이 느껴졌습니다. 만일 제어를 완벽하게 해서 일행이 제게 전할 말만 제가 이해하고 내심 품고 있는 것들을 알아낼 수 없다면 그는 아주 대단한 영적인 능력자라고 할 수 있겠지요.

일행은 달 사람에게 전에 마치 거짓말쟁이를 데려와서 잘못했다는 듯 '미안하다' 하고 말하면서 그곳을 떠났습니다. 일행은 달 사람이 썼던 언어를 한마디도 저에게 안 했고 그에 대한 어떤 설명도 없었습니다. 우리는 새처럼 날아가는 것도 아니고 그냥 자유로운 자세로 가는데 위로 올라갈 때는 머리부터 가고 앞으로 갈 때는 반듯이 선 채로 나아갔습니다. 앞서가는 제 일행은 긴 머리카락이나 옷차림새가 하나도 흩날림이 없이 그대로 날아갔습니다. 달 사람은 날지 않고 마당에서 떠나가는 우리를 쳐다볼 뿐이었습니다. 달 사람도 당연히 날 수 있는데 아무런 인사말도 없고 날아 올라오지도 않았습니다. 달 사람이 우리에게 시끄럽게 떠들며 말한 것에 대하여 제 일행의 말을 들었을 때는 제가 지난번의 그 사람처럼 달 사람에게 그런 말이나 그런 식으로 말하지 말라는 투였는데 우리는 지상에 내려가지 않고 저는 그에게 말 한마디 안 건넸으니 상관없었습니다만 일행이 달 사람에게 미안하다고 말한 것은 무슨 의미인가를 되새겨 생각해봤습니다. 제 생각에 미안할 것도 없는데……. 역시 지구인을 데리고 온 것이 달 사람에게 그렇게 미안한 일인가, 그럼 달 사람이 제가 못 알아듣게 말한 것은 결국 내 이야기인데.

그 집에 차나 오토바이, 장독대나 다른 살림살이 같은 건 하나도 안 보였는데 앞쪽에서부터 이 집 쪽으로 도로가 나 있었습니다. 도로라고 해봐야 폭이 좁아 2m 정도 될 것 같았습니다. 도로도 처음에 안 보였던 이유가 도로 양쪽의 흙과 도로의 색깔이 거의 똑같아 구분이 안 갔습니다. 도로는 지구처럼 아스팔트나 콘크리트가 아니었습니다. 주변의 흙가루와 거의 동일한 색상이다 보니 흙가루를 모아 강한 압력으로 굳혀 도로를 만들지 않았나 싶었지만 이것도 제 생각일 뿐 재질이 무엇인지 모르겠습니다. 도로는 중앙선이나 옆에 가드레일이 없이 옆 평지와 높이가 거의 같고 색깔도 거의 같아서 처음에 도로를 못 알아봤습니다. 하긴 달 사람을 만나자마자 떠드는 소리만 들어서 도로가 있나 없나 자세히 살필 겨를도 없었습니다. 도로나 집의 상태로 짐작해볼 때 건축을 한 지가 상당히 오래되었다는 인상을 받았습니다. 그런데 집안에 차나 오토바이도 안 보이는데 웬 도로가 필요하나 어디를 가려면 날아가면 되는데 하고 이상하다고 생각했습니다. 어쩌면 이 집이나 도로까지 달 사람이 사념(마음속으로 설계하여 만들면 우주의 에너지로 실제로 제작됨)으로 물질화시켜 만들어 놓았는지도 모르겠다는 생각이 들었습니다. 색상이나 재질을 볼 때 그렇게 느껴졌습니다. 제 일행이나 달 사람은 저 같은 영혼체처럼 아무것도 안 먹고 사는 사람 같았습니다. 집 앞 도로가 끝없이 길게 있는 게 아니고 짧게 있는 것으로 보아 비행접시 착륙장 역할을 하는 곳이 아닌가 했습니다.

달 사람과 일행은 처음에는 지구보다 차원이 높은 행성의 외계인인가 아니면 외계의 영혼체인가 그것도 아니면 신계에서 온 신인가 했는데, 달 사람이 큰소리로 말하는 걸 듣고 난 후로는 제 나름대로 외계인으로 확신했습니다. 달 사람은 어떤 특별한 목적이 있어서 그런 황량한 곳에 혼자 머물 거라고 짐작했지만 그런 특별한 목적이 아니라면, 우리나라 조선시대의 귀양 같은 벌로 와 있고 일행은 한 번씩 격리 지역 안에 달 사람이 잘 있나 확인차 다녀가는 것 아닌가 하고 생각도 했습니다. 그런데 한편으로 그렇게 지구보다 차원이 높은 행성에서 귀양 같은 제도가 지금까지 있을 리가 만무하다는 생각도 들었지만 그건 모르지요. 그 행성마다 고등생명체에 해당하는 존재들한테는 어떤 법이든지 간에 존재할 것이니까요. 그 집 주변의 환경은 너무 외롭고 열악하게 보였습니다. 또 제가 지구인의 영혼체이고 별 볼 일 없는 사람일망정 저라는 손님이 일행과 함께 처음으로 왔는데 기분은 나쁠망정 모르는 손님 앞에서 일행에게 제가 못 알아듣게 자기네 고유 언어로 뭐라고 막 지껄이는 말투는 지구인의 영혼체인 저를 깔보는 면이 다분히 있었을 것이라고 생각하니 첫 영혼 여행이자 달 여행치고는 여정이 별로였습니다.

우리는 달에서 높이 떠올랐고 금세 달이 멀어졌습니다. 일행에게 '지구에서 이렇게 달까지 온 김에 금성이나 갔다가 돌아갈까요?' 하고 제안하니, 일행이 달 사람한테 안 좋은 소리를 들어서 기분이 언짢았는지 아니면 금성에 가서는 안 될 일이 있다든지 그것도 아니면 제가 금성까지 다녀오는 것보다는 오히려 오늘은 안 가는 게 저한테 더 나을 수도 있어서 그러는지 '오늘은 그냥 돌아가고 다음에 갑시다.' 하고 말했습니다. 다음에 가자고 하니 저도 더 이상 묻지 않았지만 그는 다음에 '함께' 가자고는 안 했습니다. 그는 '함께'라는 말을 하려다가 제 얼굴을 한번 힐끔 쳐다보더니 '함께'라는 말을 분명히 빼고 '다음에 갑시다' 하고 말했습니다. 그래서 달 사람 때문에 이 사람이 안 가고 대신 다른 사람이 올라와서 저랑 함께 가려나 하는 생각이 드는 순간, 일행의 머릿속에서 슈퍼컴퓨터처럼 지금부터 제가 늙어 죽기 전까지 제 운명이 엄청 빠른 속도로 지나갔습니다. 이 사람은 제 운명을 엄청 빠른 속도로 낱낱이 보며 생각하고 있었습니다. 분명 인공 로봇도 아닌데 머릿속의 운명 프로그램이 이렇게 빨리 돌아가다니 IQ가 얼마나 높으면 저럴 수 있을까 하는데 그가 제 운명 중에서 가장 중요한 취약점을 알아낸 것 같았습니다. 저도 순간적으로 제 운명 중 어느 한 대목이 짚이는 게 있어서 '이 사람이 그걸 알 수 있을까' 하고 순간적으로 의문이 갔습니다만 그가 그걸 알아냈습니다. 그런데 그도 저처럼 반신반의했습니다. 일행이 제 운명을 볼 때는 분명 100% 맞는데 현재 저 같은 사람한테 어찌 그런 어이없는 일이 일어날 수 있을까 하고 고민하더니 결국 그는 확신하는 쪽으로 기울었고, 아무래도 저는 제 일이라서 그런지 '설마' '설마' 했습니다. 그리고 앞으로 그런 일이 안 일어나기를 아주 간절히 바랐습니다. 일행은 인간의 운명을 간편히 알아내는 어떤 영적인 방법을 알고 있는 듯했습니다.

제가 지구에서 우주를 향해 날아가고 있을 때 일행이 어떻게 알고 찾아왔을까 하는 게 저에게는 제일 큰 의문이었습니다. 지구를 떠오를 때 어떻게 알고 저를 찾아왔는데 다음에도 또 그렇게 알고 찾아 올라와 금성에 가자고 하려는 건지 별로 마음이 내키지 않았습니다. 인간 영혼이 걸리는 레이더가 있다면 몰라도, 그걸 보고 쫓아오느라 저보다 조금 늦을 수도 있겠지만 그런데 그럴 수가 있을까? 정말 그렇다면 이 레이더 역할을 하는 건 무엇일까 궁금했습니다. 그렇다면 그들은 누구며 왜 그런 레이더를 가동할까? 금성에 다음에 가자고 일행이 말했으니 이 사람 말대로 금성에 갈 때 또 만난다면 여러 가지 의문 사항들을 물어봐야겠으나 일행이 대답을 안 해줄 것 같았습니다. 군인으로 말하자면 그는 일종의 특수훈련을 받은 강인한 인간 같았습니다.

지금이라도 혼자서 금성에 갔다 올까 하는 생각이 들긴 했지만 일행이 다음에 가자고 말할 때는 일행의 체면도 있기 때문에 그 말을 들어주는 게 좋을 것 같았습니다. 그렇지만 기분이 썩 좋지는 않았습니다. 지구로 날아오면서 일행이 제 얼굴 옆모습을 여러 번 힐끔힐끔 쳐다보는 게 느껴졌습니다. 처음에는 다음에 만날 때 제 얼굴 기억을 잘하기 위해서 그럴 것이라고 생각했습니다만 달리 생각해보면, 제가 우주로 가는 걸 어떻게 알고 일행이 쫓아왔는가 하는 의문과 이제라도 혼자서 금성에 다녀올까 하고 생각했더니 아마 이게 텔레파시로 나가서 그가 알아채고 제 속마음을 더 자세히 알기 위해 쳐다보는 것도 같고 또 제 영적인 수준을 잘 가늠하기 위하여 그러는 것도 같았습니다.

지구 대기권 안으로 들어와서 우리는 서로 '잘 가라'는 인사를 하고 헤어지는데 갑자기 '집으로 (돌아)가라'는 소리가 멀리서 조그맣게 들려왔습니다. 처음에 이 소리는 일행이 가면서 한 말인가 아니면 하느님이 하는 말인가 하고 혼동했습니다. 일행이 저에게 잘 가라고 말했는데도 다른 곳으로 갈까봐 집으로 돌아가라고 말할 수도 있습니다. 그런데 문제는 잘 가라는 말과 집으로 돌아가라는 말이 텔레파시가 서로 달랐습니다. 바꿔 말하면 '잘 가라'는 말을 입으로 했다면 '집으로 돌아가라'는 말은 마치 스피커 같은 것에서 나오는 소리 같았습니다. 그러면서 더욱 근엄하고 권위 있는 말투였지만 잘 가라는 인사말에 비하면 소리가 작으면서 힘이 실려 있었습니다. 그래서 한편으로 '일행이 말한 것이 아니다'라는 생각도 들었습니다. 만일 일행이 한 말이 아니라면 아주 큰일입니다. 죽은 사람의 영혼(영혼체)이 지구를 벗어나 천국 같은 상위 차원으로 올라가기 위하여 대기권까지 도착했을 때 이 말을 들으면 바로 집으로 돌아가게 되어 있습니다. 하느님 소리는 아니겠지만 그곳에서 그렇게 말할 사람도 없는데 그런 말이 나오니 순간적으로 당연히 하느님처럼 믿게 되지요. 그곳까지 대다수는 올라오지도 못하니 관계없고 혹시 올라오는 자가 있으면 심리를 이용해서 어떤 목적을 위하여 지구를 못 떠나게 만드는 겁니다. 그런데 일행과 우주로 함께 나갈 때는 이 말이 들리지 않았습니다. 지구로 돌아와 헤어질 때 이 말이 들렸던 것으로 보아 일행이 이 말과 직간접으로 연관이 있겠다 싶었습니다.

저는 일행이 히말라야나 티베트 쪽으로 바로 가는지 다른 데로 가는지는 별 관심이 없었습니다. 다른 곳에 들렀다가 갈 수도 있기 때문이고 또 제 기분도 별로였기 때문에 신경 쓰고 싶지 않았습니다. 집에서 출발할 때보다 집으로 돌아오는 건 더 빨랐습니다. 출발할 때 여기저기 구경하면서 올라가다가 일행이 소리쳐서 기다리다가 만났고 그 후론 혼자서 갈 수 있는 것보다는 둘이서 약간 속도가 느리게 갔기 때문에 시간이 좀 걸렸다고 생각이 드는데 돌아올 때는 그럴 필요가 없어서 바로 왔습니다. 저도 딱히 갈 곳이 없어서 '빨리 집으로 돌아가자' 하고 마음먹으니 빨리 집에 도착했습니다. 사실 대기권은 눈에 확실히 안 보였는데 우주에서 들어설 때 대기권 같다는 것이 순간적으로 느껴지긴 했습니다. 또 제 영혼이 집에 도착하는 게 빨라도 너무 빨랐지만 빠른 게 아주 미세하게 느껴졌습니다. 육체로 들어갈 때 '내 몸에 들어가는구나' 하고 알았지만 지구 대기권에서 방 안에 있는 제 육체에 들어오는 것이 순간이었습니다.

달까지 갈 때나 돌아올 때나 생각해보면 영혼체가 계속 가는 건 맞는데 이상하게 목적지를 생각하면 빨리 도착했습니다. 우주에서는 시간도 없고 공간도 필요 없었습니다. 생각만이 제일 중요했습니다. 그 생각이 모든 걸 지배했습니다. 그리고 '멈춰야겠다'는 생각을 하면 그냥 공간상의 그 자리에 가속도도 없이 즉시 멈춰 떠 있었습니다. 이것은 지구를 출발할 때 저보다 아래에서 소리 지르며 날아올라오는 일행을 기다릴 때와 우주 공간에서 멈춰서 달을 보고 있을 때 그랬습니다.

'내 몸속에 돌아왔구나!' 하고 느낄 때는 차원 여행이라 그 차원 속에서는 자기 육체로 영혼체가 바로 돌아올 수 있게끔 애당초 그렇게 설계되어 있지 않나 싶습니다. 그렇지 않다면 지구 대기권 안에 들어섰다고 해도 우리 집을 정확하게 찾아오려면 그렇게 빨리 올 수 없을 것입니다. 그런데 우주선보다 빨리 온 걸 생각하면 제 영혼체와 육체의 진동이 서로 같으니까 달라붙지 않았나 싶습니다. 참으로 신비롭습니다. 창조주의 힘과 능력은 무궁무진이 아니라 이루 다 말로 표현할 수 없습니다.

새벽 5시가 넘어 시작된 이 여행은 시간을 안 재봐서 정확히 모르지만, 지구에서 달까지 다녀오는데 제 느낌으로는 10분 — 지구를 올라가다가 그 존재가 소리 지르며 손을 흔들고 올라올 때 기다려주고 만나서 잠깐 함께 얼굴 쳐다보고 이야기한 게 2분이 못 될 것 같고, 달 앞에서 멈춰 구경한 것이 3분이 조금 넘은 것 같고, 달 사람 있는 곳에 가서 머무른 게 3분 이상, 나머지 시간은 날아다니는 데 소모했음 — 이 조금 더 걸린 것 같았습니다. 그 후로 잠을 잔 후 오후 1시 30분 정도에 깨어나니 머리에 미열이 좀 있었지만 어지럽거나 몸 상태가 안 좋은 데는 없었습니다. 머리 열이 완전히 가라앉기까지 근 24시간이 지나갔습니다. 그래서 영혼체가 자기장에 의하여 육체에서 떨어졌다가 합체될 때 머리에 미열이 발생하나 싶었습니다.

달 여행에서 돌아와 생각해보니 사람이 좋게 생각하면 끝없이 좋게 생각할 수 있지만 나쁘게 생각하면 또 끝없이 나쁘게 생각할 수도 있다고, 제가 지구에서 우주를 향해 나아가고 있을 때 제 일행이 넓은 지구 공간에서 저를 만나서 안내해주고자 달에 갈 수도 있겠지만 혹시 달 사람에게 무슨 목적이 있지 않았나 싶었습니다. 그 집 주변의 경치는 웅장한 것이나 볼만한 것이 하나도 없이 달 표면 토양의 황토 먼지 색깔밖에 볼 것이 없었습니다. 그런데 안내자라면 달에 처음 가는 저를 그런 하찮은 곳으로 안내할 리가 만무한데 이상하다고 생각했습니다. 일행은 달 사람에게 볼일이 있어서 가려고 하는 중에 한국에서 제 영혼체가 올라가니까 어디 못 가게 달이나 데리고 갔다 오는 게 가장 낫겠다 싶어서 겸사겸사 저를 데려간 것 같다는 생각이 들었습니다.

제 일행은 저를 안내하기 위하여 온 게 아니라 제가 어디로 가나 지구인을 감시하고 또 달에 격리된 것 같은 종족에게도 한번씩 찾아가 거주지를 벗어났나 집에 잘 있나 감시하는 역할을 하지 않았나 싶었습니다. 그런데 달리 긍정적으로 생각해보면 실제로 일행과 달에 간 것이 매우 유익했다고 볼 수도 있었습니다. 유익한 것은 환상적인 달을 감상한 것이고 또 집에 무사히 빨리 돌아왔기 때문입니다. 금성이나 다른 별에 혼자서 갔다가 우주 공간에서 보이는 게 다 그만그만한 별들이라 지구를 제대로 못 찾아 빨리 돌아오지 못하면 낭패입니다. 몸이 집에서 혼수상태로 있으니 우주로 여행 갔다는 걸 모르는 가족이 119 구급차를 불러 병원에 보낼 것입니다. 그렇게 되면 문제가 커질 수 있습니다. 이것 외에도 저는 집에 빨리 돌아와야 할 이유가 있습니다. 그리고 저는 어렸을 때부터 아무것도 안 먹고도 살 수 방법이 있는데 그게 무얼까 이상하다 하고 생각을 자주 하곤 했었습니다만 이게 영혼체라는 것과 또 하나는 온몸 피부로 우주 에너지를 흡입하는 것인데 이것들을 기억을 잘 할 수가 없었습니다. 그런데 이번에 달 여행을 기회로 영혼체라는 한 가지는 확실히 알게 되어서 수수께끼 하나를 풀게 되었습니다.

지구에서 밖으로 나가는 지구인의 영혼체를 외계인이 감시한다는 것에 대한 염려가 기우이기를 바라지만 정말이라면 왜 감시할까. 지구에서 우주로 여행 가기 위해 떠올라오는 지구인들의 영혼체들은 거의 없을 텐데 뭘 감시한다는 건가. 이 흰 얼굴의 사람들은 도대체 정체가 누구고 어떤 임무로 지구에 와 있을까, 인간 영혼이 우주로 떠 올라오는 걸 어떻게 알 수 있을까. 첫 우주여행에 이런 외계인 일행을 만나 고작 달의 그런 사람을 만나고 온 것이 생각할수록 더욱 기분 나쁘고 화가 나기도 했습니다. 차라리 처음부터 이런 일행은 안 만나는 것이 훨씬 좋을 뻔하였습니다.

- 나의 견해(私見) -

저는 1954년생 남자로 2020년에 이런 일을 체험했습니다. 나이로 볼 때 참 늦어도 너무 늦었습니다. 60대 초반에 정년퇴직을 한 후 근무할 당시 못했던 영적인 훈련을 혼자서 4년 가까이에 어느 정도 마무리했다고 생각했는데 알고 보니 사실 갈 길은 이제부터입니다.

명상은 아무 생각 없이 고요히 해야 된다는 고정관념에 사로잡혀 심장 박동 소리를 의식적으로 느끼지 않으려고 명상할 때마다 노력했으니 이제 와서 뒤돌아 생각해보면 정말 어처구니없습니다. 원래 어릴 때부터 심장 뛰는 소리를 크게 잘 느꼈지만 남들도 다들 그럴 거라고 생각했고 어느 때부터인지는 정확히 모르지만 심장 박동 소리가 차츰 더 커진 것은 아닌지 다시 생각을 해봅니다. 40세 이후로 심장 박동 소리가 계속 커져 온 것인지 아니면 원래 컸던 심장 박동 소리가 계속 유지되어 온 것인지 그건 모르겠습니다. 응당 그러려니 하고 살아왔기 때문입니다. 하여간 심장 박동 소리가 온몸의 동맥에서 잘 들려오는 것은 이제 우주여행으로 들어가라는 우주 창조주의 설계였던 것 같습니다. 그런데 그걸 몰라서 30년 이상을 헛되게 보냈습니다. 그동안 오히려 명상할 때 심장 박동 소리를 안 들으려고 노력도 참 많이 했습니다. 이제야 우리 인간들이 수천 년간 알고 지내온 명상은 아무 생각 없이 고요히 해야 된다는 것과 심장 박동 소리만 듣고 있다는 것이 서로 이렇게 다를 수도 있다는 걸 알게 되었습니다. 여러 가지 면으로 고요히 하는 명상과 우주여행 명상과의 중요성의 비율은 50대 50으로 보면 되겠으나 우주여행 명상에 고요히 하는 명상이 기본이고 시작입니다. 심장은 인류 역사상 처음부터 이렇게 계속 뛰어 왔는데 명상은 아무 생각 없이 고요히 해야 된다는 고정관념에 사로잡혀 30년 이상을 허송 세월한 것이 안타까울 뿐입니다. 여러분은 우주여행 시 가장 가까운 달부터 여러 번 다니면서 다른 별의 길을 익히시기 바랍니다.

저는 이 책에서 나오는 모든 것들을 제 스스로 체험했기 때문에 여러분들이 참고하여 쉽게 성취할 수 있도록 적나라하게 다 설명했습니다. 여러분들은 이 과정을 읽어보고 이에 맞추어 훈련하면서 편리하고 안전하게 빨리할 수 있는 각자 개인의 스타일을 강구하면 될 것입니다. 이 세상의 모든 일은 자기 자신이 하면 쉬운 게 없습니다. 이것은 오로지 자기 자신 내면의 문제로 인내심과 지구력의 싸움입니다. 그러나 **성취**됩니다.

우주여행을 떠나기 전 몸통 속에서 영혼체가 부상하기 위해 윙! 윙! 하는데 이 윙! 윙! 소리가 나지 않으면 아무리 자기장이 세게 돌더라도 영혼체가 부상할 수 없습니다. 그리고 특히 추운 겨울에 내복이나 몸에 맞는 옷을 입고 옷 속이나 옷 위에 책, 수첩, 찜질팩, 인형, 휴대폰, 손목시계, 목걸이 같은 조금이라도 무게 있는 것을 올려놓고 몸통 속에서 자기장이 돌기 시작하면 자기장이 강력하게 돌다가 윙! 윙! 거리지 못하고 멈출 수 있는데 이렇게 되면 영혼이 부상하지 못할 정도로 그치는 게 아니라 부상할 힘을 완전히 잃게 되어 우주여행을 두 번 다시 못 하게 되니 몸통의 입은 옷 외에 절대 아무것도 올려놓지 말고 자기장이 돌도록 해야 합니다. 이 점은 꼭 **주의**하시기 바랍니다.

물체의 속도는 아무리 빨라도 빛의 속도를 넘어설 수 없다고 합니다. 그러나 이 이론은 우리가 존재하는 물질세계에서만 통용

되는 말입니다. 또 현대물리학에서 인공위성 속도가 극단적으로 빨라질 경우 공간과 시간의 변화가 일어난다고 알려져 있지만 이것은 역설적으로 주위 공간의 진동이 변하면 차원이 달라져서 이동하는 속도가 빛보다 훨씬 빨라질 수 있다고 보면 됩니다.

인간이 우주로 나갈 때 현재 우주로 발사하는 이런 인공위성은 속도가 너무 느립니다. 인간의 몸통 속에서 영혼이 다른 차원으로 가기 위해 자기장을 일으키듯이 전자기력으로 그렇게 할 수 있는 우주의 비행체를 만들어야 합니다. 비행접시 모양이든지 다른 모양이든지 간에 비행체를 만들어 출발하기 전에 지구 대기권 밖에서 전자기력(자기장)으로 진동을 일으켜서 연결된 차원으로 여행을 해야 몇 시간 만에 수 광년 이상 떨어진 별도 갈 수 있습니다.

수많은 차원 중에서 높은 차원으로 올라갈수록 진동(주파수)이 극초저주파가 됩니다. 우주 창조주는 가장 높은 차원을 말하고 가장 높은 차원은 가장 맑은 차원입니다. 극초저주파도 해당되지 않는 가장 맑은 차원은 맑다 못해 존재하지 않는 것처럼 투명합니다. 우주 창조주는 실체가 없이 그냥 투명함 그 자체로 존재할 뿐이니 어찌 보면 투명한 그 차원 자체가 실체입니다. 그리고 그 차원은 우리가 거주하는 우주부터 다중우주, 평행우주를 포함하여 모든 차원을 거느리고 있으며, 그중 3차원인 물질계(인간계)가 가장 낮고 기본이 되니 물질계를 벗어나야 그때부터 진정한 차원 시작입니다. 우주에 존재하는 모든 고등생명체는 여러 차원들을 겪으며 결국 가장 맑고 투명한 차원에 들어가서 우주 창조주와 하나가 되어야 끝납니다. 가장 맑고 투명한 차원에 들어설 때 비로소 영원불멸의 영혼 신소립자가 그 역할을 끝마치게 됩니다. 그런데 희한하게도 가장 맑고 투명한 차원은 남성, 여성, 중성도 아닌데 사고력(생각)이 있습니다. 성별로 치자면 이 차원인 우주 창조주는 중성이 아닐까 싶은데 중성 개념이 아닙니다. 모성애가 강한 아버지라고 할 수도 있고 부성애가 강한 어머니라고 할 수도 있을 겁니다. 그러나 이것도 인간 개념일 뿐이고 우주 창조주는 실체 없이 그냥 존재하니 존재할 뿐입니다. 가장 맑고 투명한 차원의 사고력(생각)을 본받아 우주 전체의 모든 생물이 자각, 생각을 하게 됩니다.

가장 맑고 투명한 차원인 우주 창조주는 진화를 원합니다. 이 진화는 우주 창조주 스스로는 못 합니다. 진화하기 위하여 생명체를 만들어 놓고 이들과 함께 진화해야 합니다. 바꾸어 말하면 인간이 아무것도 안 먹어도 살 수 있다고 치고 태어나 아무런 행동도 없이, TV, 라디오도 없이 즉 보고 듣는 것이 하나도 없이 누워서 혼자만 있다면 영적으로 발달하기가 쉽지 않을 겁니다. 이것은 우주 창조주의 환경, 입장과 비슷하다고 할 수 있으나 비교하자니 그렇다는 것이고 이와 유사하지도 않습니다만 인간 세계에서는 그런 것이 없기 때문에 어디에 비교할 수조차 없습니다. 우주 창조주는 모든 생명체가 진화하여 모두 다 자신에게 올라오기를 바랍니다. 그렇게 되면 한 단계 업그레이드되어 우주가 다시 시작되겠지요. 우주 창조주는 이걸 원하는 겁니다. 또한 이것이 우주의 모든 생물이 고등생명체가 되고 차원 상승들을 거쳐서 우주 창조주에게 가기 위해 현재 살아가는 **이유**이고 **목표**입니다.

어찌 보면 우리는 우주 창조주의 목적을 위해 살아가는 거지만 살아가는 동안에는 우리 스스로가 창조주처럼 살아갈 수 있도록 된 것이니 최선을 다해 열심히 살면 됩니다. 그리고 이치는 간단합니다. 우주는 우리가 입으로 분 하나의 풍선 속이라고 생각하면 됩니다.

13. 영혼체

사람이 살아가면서 이상하게 생각하는 것 중 중요한 하나가 나이가 많아져서 몸이 늙어도 '마음은 젊다'라는 표현을 많이 합니다. 이때 몸은 유전자로 되어 있어서 늙지만 마음은 늙지 않고 영원불멸한 영혼 신소립자에서 나오기 때문에 그렇습니다. 영혼은 나이를 전혀 먹지 않기 때문에 나이 즉 세월 하고는 아무 관련이 없습니다. 이런 영혼이 자신만의 몸체를 갖게 되면 이게 영혼체고 이 영혼체를 보호하는 게 바로 우리의 육체이지요. 그래서 인간은 누구나 몸속에 영혼체가 들어있고 그 영혼인 신소립자가 영혼체와 인간 육체를 함께 거느립니다. 영혼체가 인간 육체에 들어 있기에 마치 육체 따라 영혼체가 움직이는 것 같지만 실은 이 두 개는 완전히 별개이며 우리 육체는 영혼체를 보호하기 위한 껍데기 역할을 한다고 보면 됩니다. 그렇게 되면 영혼체가 육체보다 얼마나 중요한지 알 수 있을 겁니다. 그러나 3차원에서는 육체와 정신 그리고 가정과 사회적 측면 등 모두 건강해야 하기 때문에 노력을 해야 하며 그 노력 중에 영적으로 발달할 수 있도록 노력해야 합니다. 모든 건 영적인 면과 어느 정도는 연계되니 모든 일에 정성을 다하고 결과는 하늘에 맡기면 될 것입니다.

인간은 오늘날까지 한 마디로 '사회적 동물이다'라고 표현하고 있습니다. 동물에 속하니 침팬지 같은 짐승에서 700만 년 동안에 오늘날의 현생인류인 호모 사피엔스로 진화했다고 합니다. 인간이나 모든 동물들은 몸속에 유전자가 있어서 유전이 되며 이게 변해서 외모가 달라지게 되면 변화나 진화했다고 합니다. 인간과 동물을 분류하는 방법은 많이 있지만 저는 일단 인간을 제외한 모든 동물은 몸속에 영혼체가 없어서 죽으면 그걸로 끝이라고 봅니다. 신비로운 점은 동물과 인간이 겹치는 유전자도 많고 또 다른 이유도 많아 인간을 동물로 여기게 된 점인데, 동물과 인간이 과연 무엇이 달라서 지구에서는 인간만이 유일하게 이 우주에서 가장 중요한 영혼체가 있는가 하는 거지요. 인간만이 영혼체가 있는 이유는 아주 사소한 것일 수 있습니다. 그러나 이 사소한 것이 이 우주상에서 가장 위대한 것일 수도 있습니다. 즉 우주 창조주가 어떤 생각이 있어서 그렇게 해놓았다면……. 오로지 인간만이 몸속에 영혼체가 있어서 죽으면 우리가 보통 말하는 하늘나라(저승)로 가게 되지요. 하늘나라는 속칭 천국이라고도 합니다.

모든 동물이나 인간이 눈과 귀로 보고 듣고 판단하고 기억하고 감각을 지니고 생활을 해나가는 게 뇌 속에 들어 있는 영혼신소립자의 기능과 역할 덕입니다. 그런데 이 신소립자가 속해 있는 몸체가 생물학적인 수명을 다하게 되면 뇌 속에서 신소립자가 나가게 되고, 다음에 이것은 결국 정자 속에 하나씩 들어가 난자를 만나 잉태를 하게 됩니다. 그래서 엄마의 배 속에 있는 태아가 자라면서 태아의 몸속에서 영혼체가 함께 자라게 됩니다. 엄마 배 속에서 태아가 발로 차고 주먹으로 밀어내고 하는 것을 엄마가 알아채지만 태아도 자기가 한 행동들을 대충 알고 있고 더 나가서는 그런 걸 태어난 후에도 기억하기도 합니다.

이런 행위들에 대해 엄마 배 속에서 알고 있고 출산 후에 기억도 하는 건 오로지 신소립자의 기능과 역할입니다. 동물 중에 어떤 짐승들이 이런 걸 인간처럼 알 수 있는지 그건 모르겠으나 설령 짐승이 그걸 알고 있다고 해도 인간처럼 영혼체는 없습니다. 이 영혼체는 우리의 두 눈으로 볼 수 없는 비물질로 이루어져서 우리 눈으로 볼 수 없습니다. 그래서 인간들도 스스로 영혼(영혼체)이 없다고 말하기도 하고 또 있다고 말하는 인간도 영혼체를 본 일이 없어서 영혼체가 있다는 걸 확신하지 못하고 있는 거지요. 그런데 머릿속에서 무엇인가가 상황이나 어떤 일의 내용을 판단하고 기억하고 감각을 알아채는 걸 보면 자신의 머릿속에 나 자신 외에 또 다른 무엇이 있긴 있는 것 같은데 그것이 무엇인지 알 수 없으니 그냥 신이 있다고 믿기도 하지요. 그런데 그 신이란 것이 다름 아니라 바로 영혼 신소립자입니다. 이 신소립자가 주가 되고 육체나 그 육체와 함께 존재하는 영혼체는 객이 되는 겁니다. 영혼체는 무엇이 이렇게 영혼체를 만드는지는 알 수 있으나 왜 영혼체가 생기는지 그건 저도 알 수가 없습니다. 그러니 그냥 우리 인류에 대한 우주 창조주의 배려라고 생각할 뿐입니다.

인간은 몸속에 영혼체가 존재합니다. 이 영혼체는 소속된 몸의 모습을 닮아 있습니다. 즉 인간 육체와 영혼체는 외모가 같지요. 그런데 인간이 죽게 되면 인간의 몸에서 영혼과 영혼체가 나가게 됩니다. 영혼이라고 하는 이 신소립자가 인간의 몸에서 빠져나온 영혼체의 머릿속에 들어 있어서 사람의 몸속에서 하던 역할과 똑같은 역할을 영혼체에서 하게 됩니다. 영혼이 신소립자

이기 때문에 인간들이 말하는 죽어서 몸에서 나오는 영혼이란 것은 진정한 의미의 영혼이 아니라 영혼체라고 해야 맞습니다. 그 영혼체의 머릿속에 존재하는 신소립자가 영혼이라고 할 수 있으니까요. 생명체가 이 세상에 태어날 때 신소립자의 눈과 귀가 생명체 몸의 눈과 귀에 연결되어 생명체들이 보고 들을 수 있게 됩니다. 즉 신소립자는 먼저 영혼체의 뇌 속에 들어있고 영혼체는 육체 속에 들어있습니다. 그러니 영혼 신소립자는 결국 우리 육체의 뇌 속에 들어있지만 우리는 뇌 속의 영혼 신소립자는 생각을 못 하고 평생 우리 머릿속의 뇌만 생각하면서 살아가게 되지요.

우주에는 차원이 많이 있는데 그중의 한 차원에서 나오는 비물질 에너지로 영혼체라는 몸이 이루어집니다. 이 비물질 에너지는 어떤 기운이라고 할 수도 있습니다. 인간이 현대 과학으로 찾을 수 없어서 아예 알 수 없습니다. 과학으로 따지면 그런 건 존재하지 않는다고 봐야겠지요. 그럼 임신한 엄마는 어떻게 배 속에서 태아와 영혼체가 자라게 될까요. 태아는 엄마가 섭취하는 단백질, 지방질, 칼슘, 철분 등 영양물질로 몸이 자라게 됩니다. 그러나 영혼체는 비물질이라 지구상의 영양물질과는 전혀 상관이 없습니다. 우주에 가득 차 있는 이 비물질 에너지가 엄마의 온몸 피부를 통과해 태아에게 들어가 영혼체의 영양분이 됩니다. 그래서 태아가 자랄 때 태아 속에서 영혼체를 함께 성장시킵니다. 태아의 몸속에서 성장시키지만 태아보다 작다든지 크다든지 하는 게 아니라 태아와 똑같이 성장시킵니다. 그래서 사람이 죽으면 그 사람과 똑같은 영혼체가 나오게 됩니다. 사람들은 이 영혼체를 영혼이라고 말하지요. 이 비물질 에너지는 여자나 남자나 모두 피부를 통해 평소에도 몸속으로 들어갑니다. 피부 호흡과 같은데 이 비물질 에너지는 산소, 이산화탄소 등과는 아무 상관이 없습니다. 우리가 호흡을 할 때 공기가 들어오는 것처럼 온몸 피부로 들어온다고 보면 되는데 우리 몸 안의 이산화탄소는 밖으로 배출되지만 이 비물질 에너지는 이산화탄소나 대소변처럼 밖으로 배출이 없습니다. 특이하지요. 우주의 비물질 에너지는 우주의 원천적인 생명력으로 우리 인체의 피부를 통해 들어오지만 그중 많이 들어오는 중요한 곳으로는 인체에서 7군데를 꼽는데 보통 '차크라'라고 합니다. 그래서 평소에 코로 들어오는 공기처럼 온몸 피부나 정수리 백회혈, 이마 위 상단전, 가슴의 중단전 등으로 들어오는데 주로 단전이나 혈의 중요한 위치에 해당하지요. 인간은 비물질 에너지가 들어오는 걸 느낄 수 있는데 설령 못 느낀다 해도 비물질 에너지는 들어오니 상관없습니다. 비물질 에너지가 들어오는 것이나 다른 모든 느끼는 것은 모두 뇌로 느끼는 것 같지만 실제로 영혼이 느끼는 겁니다. 만일 영혼이 유체이탈하면 몸은 심장이 뛰고 호흡을 하고 있긴 하지만 뇌는 아무것도 느끼지 못하니 죽은 사람이나 다름없습니다.

이 비물질 에너지가 우리 몸속으로 들어온다고 해서 금방 어떤 질병이 낫는다든지 몸이 좋아지고 하는 건 아닙니다. 그것은 숨을 쉬지 못하면 죽지만 맑은 공기가 우리 허파를 통해 몸속에 들어온다고 해서 금방 어떤 질병이 낫는다든지 몸이 좋아지지 않는 것과 같습니다. 그러나 칼슘 같은 영양물질이 우리 몸속에 부족하면 골다공증이나 다른 병에 걸리듯이 비물질 에너지가 안 들어오면 인간의 몸속에 있는 영혼체의 몸이 부실하게 되어야 하는데 이건 걱정할 필요가 전혀 없습니다. 인간이라면 누구를 막론하고 땅속 깊은 곳이나 깊은 바닷속에서 생활하고 있다고 하더라도 즉 어떤 상황이나 어떤 환경에서도 이 비물질 에너지는 존재하여 자연스럽게 몸속으로 들어오게 되어 있기 때문입니다. 이 비물질 에너지는 지구뿐만 아니라 우주 전체에 있습니다.

짐승들에게는 침팬지 같은 유인원을 비롯해서 어느 짐승이건 간에 영혼체가 없습니다. 과학자들은 인간이 짐승에서 진화했다고 하는데 왜 인간만이 영혼체가 있는지 참으로 이상하고 신기한 일입니다. 짐승과 인간이 어떤 차이가 있어서 어머니 배 속에서 잉태될 때 영혼체를 만들게 하는지 그 차이를 알기가 어렵고 아니면 애당초 짐승과 상관없이 유일하게 '인간만'이 어떤 이유로 영혼체가 생기도록 프로그램이 되어 있는지 그렇다면 '인간만'이라고 했을 때 왜 그 무엇이 인간만을 독보적으로 영혼체가 존재하게 만들었는지 이 점이 가장 중요합니다. 영혼체는 사람 몸이 사고로 절반 끊어져 죽는다든지, 화산의 용암 같은데 빠져 몸이 녹았다 해도 전혀 상관없습니다. 인간이 치매로 고생을 오래하다가 죽었다 해도 영혼체는 건강합니다. 영혼체는 살아 있을 때 사람의 모습만 닮았을 뿐 병과도 관계없고 어떤 장애도 없습니다. 이것은 애당초 창조주가 그렇게 설계했기 때문입니다. 이렇듯 유전자와는 아무 상관이 없기 때문에 왜 영혼체가 존재하는지 그 이유는 아직까지는 우주 창조주만 아는 일 같습니다.

영혼체는 육체 속에 비물질로 존재하고 있다가 나오면 단독으로 생활할 수 있어서 육체는 영혼체의 껍데기일 뿐입니다. 이렇게 낮은 3차원의 인간 육체 속에 모든 차원을 총망라할 수 있는 비물질인 영혼체가 합체되어 있다는 것이 참으로 신기하고 신비로울 따름입니다. 그러나 영혼체는 또 결국 영혼 신소립자의 껍데기일 뿐입니다. 영혼은 신소립자로서 차원 간을 모두 통할 수 있는 그러면서도 우주 창조주에게 다가갈 수 있는 영원불멸한 생명력을 가진 존재입니다. 그러나 생명체는 아닙니다. 생물학적 존재가 아니기 때문이지요. 영혼 신소립자는 우주상에서 궁극적으로 가장 작은 입자에 속합니다. 현재 물리학에서 찾을 수도 없고 명칭도 없습니다. 그래서 어떤 명칭으로 불려도 상관없겠지만 저는 이 입자가 신의 성품을 지녔다고 보아 제 스스로 '신소립자(神素粒子, godquark)'라고 조어(造語)하여 썼는데 이 우주상에 동일한 영혼 신소립자는 하나도 없습니다.

인간의 뇌 속에 영혼 역할을 하는 신소립자가 들어 있어서 자신의 육체를 거느립니다. 그리고 그 육체와 같은 영혼체가 육체 속에 존재하여 육체와 겹친다고 보면 됩니다. 육체에서 영혼체가 나갈 때는 보통 육체가 죽었을 때나 또는 거의 죽기 전인 혼수상태에 있을 때인데 혼수상태에서 나갈 경우 영혼체가 주로 가까운 거리 안에서 활동합니다. 영혼체가 육체에서 나가지 않았을 때는 혼수상태에 있어도 주변에서 말하는 걸 귀로 알아듣고 생각할 수도 있는데 유체이탈하여 영혼체가 나가면 몸이 혼수상태가 아닌 건전한 상태에 있다고 하더라도 몸 자체는 아무 소리도 못 듣고 생각도 전혀 할 수 없는 죽은 상태나 다름없지요. 육체에서 영혼체가 나간다는 건 신소립자가 나가는 것과 같습니다. 그런데 영혼체가 혼수상태인 몸이나 죽은 몸을 벗어나 옆에 있다면 주변 사람들이 대화를 해도 다 알아듣습니다. 심지어 외국에 여행가서 뇌졸중이나 어떤 질병으로 갑자기 쓰러져 병원에 실려가서 언제 죽을지 모르는 혼수상태에 빠져 영혼체가 유체이탈하여 몸 밖에 나와 있을 때 옆에서 외국인 의사들이 모여서 치료 방법 등에 대해 외국어로 대화를 나누면 환자는 하나도 몰랐던 외국어가 모국어로 다 알아듣기는데 이건 텔레파시로 감응되기 때문이며 유체이탈을 하지 않으면 텔레파시로 감응되기가 어려워 알아들을 수 없습니다. 그럼 혼수상태에 빠져 못 듣든지 아니면 귀를 통해 외국어로 들릴 뿐입니다.

여성이 임신 2개월이 되면 2개월 자란 태아만큼 영혼체가 자라게 됩니다. 그런데 피치 못할 사정으로 낙태수술을 하게 되면 태아가 생명을 잃었기 때문에 영혼체는 태아의 몸 밖으로 나와 하늘나라(저승)로 가게 됩니다. 그리고 그곳을 떠날 때까지 어린 영혼체는 그곳에서 우주의 비물질 에너지로 성장을 계속하게 됩니다. 아이 영혼체는 낙태수술을 한 지가 10년이 지났다면 그곳에서 성장하여 10살 먹은 어린이 모습이 됩니다. 그러나 보통 그 기간 안에 다른 자식으로 환생하여 태어나는 수가 많습니다. 낙태수술한 지 얼마 되지 않은 영혼체나 사고나 병으로 어려서 죽은 지 얼마 되지 않은 영혼체는 다시 그 어머니를 통해 환생하려고 하는 게 대다수인데 이런 경우는 부모 중에 한 분과 꿈으로 연결될 수 있으며 어머니가 자식을 더 이상 낳지 않는다면 별수 없이 다른 곳 다른 집으로 가게 됩니다. 어린이 영혼체는 환생할 때 주로 그 나라 안에서 태어나는 경우가 많고, 어른 영혼체는 대체적으로 어린이보다 늦게 환생하는데 어른 영혼체 중 빨리 환생할 때는 주로 그 나라에서 태어나고 오랜 후에 환생할 때는 다른 나라로 옮겨가서 환생하는 수가 많습니다. 이때는 인종도 바꿔 태어나기도 하고 부모의 유전자로 인하여 얼굴 모습이나 키도 달라지게 됩니다. 그러나 극히 드문 일이지만 잉태 시 신소립자의 영향으로 전생 얼굴과 거의 비슷하게 태어나는 경우도 있어서 서로 전전생이나 전생을 기억하고 있다면 처음 만날 때 서로 알아볼 수 있으며 또는 한쪽이 기억을 못 하고 있다면 다른 사람이 알아볼 수도 있습니다.

지구 신들은 평생 아무것도 안 먹습니다. 그런데 태어나면 2, 3일간 몸을 움직이지 않고 가만히 누워있기만 하다가 벌떡 일어나며 아무것도 안 먹어도 한 달이면 어른만큼 성장해 신들로부터 어른 대우를 받습니다. 아무것도 안 먹어도 한 달 만에 이렇게 어른으로 자란다는 건 참으로 신기한 일이지만 이때 성장하게 만드는 영양분은 우주의 비물질 에너지로서 무의식적으로 자연스럽게 온몸을 통해 흡수되는 것인데 이 에너지는 인간의 영혼체를 이루는 에너지와 영혼체를 이루는 우주의 비물질 에너지와 유사하든지 또는 다른 종류의 비물질 에너지로 생각됩니다. 신의 몸과 인간의 영혼체의 색깔이 다른 건 단지 근원인 씨앗부터 다르기 때문에 생기는 문제이지요. 인간의 영혼체와 지구 신의 몸체는 서로 다른 비물질로 되어 있어서 서로 간에 상대를 알아볼 수 없습니다. 그러나 신들의 말을 들어보면 신들의 몸과 동일한 영혼체가 나오는 인간이 무지무지하게 드물다고 합니다. 수백 년 사는 신들이 그런 인간의 영혼을 생전에 한 번도 못 보고 죽는 일이 많다고 할 정도니까요. 지구 신들과 같은 아주 드문 인간의 영혼체는 외계인이 지구에 왔다가 어떤 이유로 자신의 별에 돌아가지 못하고 이곳 지구에서 인간으로 다시 태어난 것 같습니다.

영혼이 다시 태어나려면 영혼체를 벗은 신소립자가 아버지가 숨 쉴 때 허파로 들어가서 고환으로 갑니다. 그런데 고환으로 갈 때 호스 같은 관(管)을 타고 내려가는데 관 넓이는 신소립자의 몸매가 거의 맞을 만큼 여유가 조금밖에 없습니다. 내려가는 속도는 굉장히 빨라서 무섭고 내려가는 거리도 좀 깁니다. 그런데 저는 아버지의 호스 같은 관을 타고 내려가면서 관속을 쳐다보았는데 관이 직선이 아니고 약간 휘어진 S자 모양이며 내려가는 속도가 얼마나 빠른지 무서워서 이 세상에 태어나 어린 시절 2년간이나 잠들 때마다 심장을 조이게 만들어 놀라 깨곤 하여 트라우마를 무척 심하게 겪었습니다. 그 당시는 매일 밤 잠드는 것이 무서웠지만 아무한테도 말하지 않았습니다. 트라우마 때문에 제가 태어난 것을 후회도 무척 많이 했습니다. '아! 그냥 태어나지 말걸.'

- 나의 견해(私見) -

지구상에는 여러 인종이 있는데 겉으로 차별을 안 해야 되는 건 물론 속으로도 다른 인종이나 다른 나라 사람을 은근히 얕보고 멸시해도 안 됩니다. 사람이 동물을 그런 식으로 보고 생각해도 안 됩니다. 동물도 인간과 텔레파시가 통합니다. 반려동물의 눈만 쳐다봐도 안다는 것은 그 동물의 습성이나 버릇을 알기에 그런 말이 나올 수 있고 또 하나는 반려동물로부터 나오는 텔레파시가 아주 미미한데 그걸 알아채는 사람의 능력도 부족해서 그게 텔레파시라는 걸 인지하지 못하니 그냥 눈만 봐도 교감으로 안다고 말할 수 있습니다만 사실 교감 자체를 아주 미미한 텔레파시로 보면 될 것입니다. 이건 주인이나 다른 사람을 쳐다보는 동물도 마찬가지이며 사람과 사람 사이에서도 마찬가지입니다. 그리고 인간은 죽으면 국적뿐만 아니라 인종과 성별까지 바꿔가며 다시 태어나기도 합니다. 전생을 알면 왕, 왕비 같은 세계의 역사 인물 또는 영웅, 호걸들이 먼 옛날의 그 시대에 그 나라만의 특별한 인간이 아니라 국가나 인종에 상관없이 오늘날 바로 우리 자신이라는 걸 알게 됩니다.

지구인은 기후 변화나 기아, 전염병 그리고 어떤 재앙이든지 겪으면 그로 인해 생기는 문제점들이 인종과 국가와 상관없이 모두 동일합니다. 즉 지구인은 결국 하나이니 전 세계가 힘과 지혜를 모아 해결하고 서로 돕고 살아야 합니다. 그러니 우리는 피부나 생김새, 국적이 다르다고 어떤 차별도 해선 안 되며 또 할 필요가 전혀 없습니다.

코로나바이러스감염증-19(COVID-19)는 2019년 말 처음으로 인체 감염이 확인되어 우리나라에서는 '코로나-19'라고 줄여 불렀습니다. 그동안 계속 이번에는 끝날 것이라고 하던 코로나-19가 이제는 오미크론이 되어 감염성은 늘어났어도 증상은 약해졌습니다. 이제 얼마 안 있어 끝날 것 같으니 그때까지 위드 코로나 하면 된다고 합니다. 그러나 저는 2019년 말에 코로나-19가 처음 나타났을 때 앞으로 12년 정도를 갈 것으로 내다봤습니다. 그래서 2031년이 떠올랐는데 12년간은 우리나라에서 십간십이지가 한 번 돌아가는 것과 같습니다. 그런데 2019년 말에 코로나-19가 처음 발생했을 때 이 바이러스는 겨울에만 활개 치는 다른 바이러스들처럼 올겨울에 기승을 부리다가 봄이 되어 온도가 올라가면서 차츰 없어질 거라는 경험론과 봄이 되어도 수그러들지 않으면 내년 겨울까지 갈 수 있다는 염려론이 세계적으로 대세를 이루었습니다. 그러나 그 후 수년이 지난 현재 증세는 약해졌지만 아직까지 전 세계가 감염 중입니다.

코로나-19 감염자가 2029년 상반기에는 극히 소수가 후진국의 오지에서 나타날 수 있으나 그 후부터는 감염자가 없어 WHO(세계보건기구)에서는 2031년 봄의 따듯한 날을 보내면서 감염자가 더 이상 나오지 않으니 7월이 되기 며칠 전인 25일에 '코로나-19가 종식되었다'고 공식적으로 발표할 것이며, 코로나바이러스감염증-19(COVID-19) 백신을 제조한 몇몇 회사들은 WHO와 협의하여 유사시 다시 백신을 제조하기 위해 이 바이러스를 안전하게 보유하게 될 겁니다.

14. 하늘나라 천국의 진실

1) 하늘의 전자장

우리가 흔히 말하길 '사람이 죽으면 하늘나라'에 간다고 합니다. 하늘나라인 천국은 어디에 있는지도 모르는데 죽어서 그곳에 가면 질병이 없고 굶어 죽지도 않는 평화로운 곳으로 알고 있습니다. 어떻게 그렇게 알고 있는지 이상한 일입니다. 사전적 의미로 하늘나라는 천국, 극락, 저승, 황천을 의미합니다. 영혼 중에 선택받은 자가 하늘나라로 가고 선택받지 못한 자는 저승, 황천으로 가는 것도 아닙니다. 그쪽에서 선택하는 것이 아니고 또 내가 선택해서 가는 곳도 아닙니다. 사람이 죽은 후 영혼이 가는 곳이라 동일한 장소인데 호칭만 다를 뿐입니다.

4차원 이상의 고등생명체들은 음식을 먹지 않아도 굶어 죽지 않고 바이러스나 그 어떤 질병도 없으며 수명도 길어서 우리가 보통 말하는 천국과 같은 생활을 하고 있습니다. 우주에서 고등생명체뿐만 아니라 모든 생명체들의 수명은 차원이 높아질수록 길어집니다.

지구는 3차원이고 하늘나라는 물질세계에 사는 우리가 볼 수 없는 물질로 이루어져 있으므로 상위 차원에 해당된다고 보면 되나 진실한 상위 차원은 아닙니다.

우주에는 여러 종류의 차원이 존재하나 하늘나라는 우주의 차원에 들어가는 게 아니라 어부들이 물고기를 잡기 위해 바다에 그물망을 동그랗게 쳐놓듯이 하느님이 산속과 하늘에 어떤 종류의 전자장으로 만들어 놓은 일종의 가상 우주나 가상 세계 같은 곳입니다. 그런 곳에 어떤 전자장이 펼쳐져 관리를 하고 있으니 전자관리장이라고 할 수도 있는데 지구인이 죽으면 영혼체들이 그곳으로 모이게끔 설계되어 있습니다. 이것은 마치 오징어가 빛을 보고 오는 주광성이란 점을 이용해 오징어 배가 집어등을 환하게 켜면 오징어들이 모여드는 것처럼 하늘나라는 인간 영혼이 아름다운 물체와 소리를 보고 듣는 것을 좋아하는 점을 응용하여 파동을 이용하는데 인간 영혼체의 신소립자의 진동에 따른 파동과 유사한 면이 있어서 본인도 모르게 자동적으로 끌리어 가게 되는 겁니다.

사람의 영혼체는 비물질이기 때문에 현재 지구상의 어떤 카메라로도 찍을 수 없으니 당연히 사람의 눈에도 보이지 않습니다. 이런 영혼체가 사람이 죽으면 몸에서 나가 요단강을 건너 하늘나라로 간다고 합니다. 사람이 죽어서 하늘나라에 갔다가 아주 드물게 되돌아와 다시 회생하는 사람이 있습니다. 이때 회생한 사람이 물을 건너서 하늘나라(저승)에 갔다 왔다고 하니 그 말을 들은 사람들이 그 물을 요단강이라고 이름을 붙인 것 같습니다. 그러나 이 물 같은 곳은 실제 물이 아닙니다. 약간 출렁이는 것 같은 느낌을 주는 물 위로 가는데 자세히 보면 물이 아니고, 어찌 보면 밀도가 아주 약한 물이 아래에 깔린 것 같이 보이는데 수증기나 안개도 아닙니다. 그러나 그곳을 순간적으로 지나는 영혼체는 착각하여 그곳을 물이라고 단정 지어버립니다. 그래서 요단강이라고 하게 된 것 같습니다. 하늘나라(저승)로 가는 길이 이렇게 보이고 느껴지는 것은 3차원에서 다른 상위 차원으로 들어갈 때 느껴지는 것과 거의 유사합니다. 그런데 여기서는 공간에 설치된 전자장과 밖에서 보면 투시가 되어 뒤는 보이는데 그

앞의 즉 전자장의 속은 안 보이게 만드는 전자 투시 스크린의 효과가 한몫하는 것 같습니다. 물론 전자장의 안에 있는 영혼체들은 전자장의 안에서 밖의 세계를 볼 수 없으며 전자 투시 스크린은 우리 지구인 상대가 아닙니다.

살아있는 사람은 하늘이나 지상 위에 전자장이 있어도 보이지도 않고 느껴지지도 않아 하늘나라를 알 수 없습니다. 비행기들이 지나다닌다든지 폭탄이 터져도 아무런 상관이 없습니다. 우리가 통상 보고 만져볼 수 있는 그런 3차원의 세상이 아니기 때문입니다. 그런 곳에 영혼체들이 머무는 장소인 하늘나라가 있는데 그런 곳은 지구상에 많습니다. 그래서 자기가 살던 곳에서 죽어 하늘나라로 가면 그곳에는 그 지역 일대 광범위한 곳에서 먼저 죽은 사람들이 다 와 있어서 서로 만날 수 있습니다. 즉 그곳에 가면 눈에 보이는 사람은 최근이나 수십 년 전 또는 더 오래 전부터 모두 먼저 죽은 사람들뿐입니다. 사고나 질병 등으로 죽은 어린 영혼체는 다른 몸으로 빨리 환생할 수도 있으나 늙어 죽은 영혼체는 대부분 어느 정도 있다가 환생하는데 드물게는 수백 년을 머물다가 환생하기도 합니다. 그리고 다시 태어났을 때 대다수는 부모 유전자의 영향으로 얼굴이 전생과 다르게 바뀌는 게 보통이지만 아주 드물게 전생 얼굴 모습을 그대로 가져올 수도 있으나 그런 경우는 영적인 면과 연결이 될 수 있고 또 주로 성별이 안 바뀌고 태어난 경우가 많으며 인종이 바뀔 경우 피부색은 달라졌어도 얼굴 본연의 모습은 어느 정도 남아 있습니다. 그러나 유전자의 영향으로 머리카락, 귀, 치아 등이 달라질 수 있습니다만 눈동자 속의 본연의 정체성은 아무리 수없이 태어나도 영원히 변함이 없고 일란성 쌍둥이도 똑같지 않으며 본연의 정체성과 똑같은 눈동자 속을 지닌 인간은 무한한 우주상에 자신 외에 단 한 명도 없습니다.

2) 지구 신과 운명

하늘나라인 저승은 저승사자나 염라대왕이 있는 곳이 아닙니다. 우리가 보통 저승사자라고 말하는 존재는 지구 신들입니다. 지구 신들이 사람이 죽을 때 옆에 와서 관찰하기 때문에 저승사자를 본 사람들은 영혼체를 저승으로 데려가려고 저승사자가 왔다고 말들 하나 사실은 사람이 죽어서 육체 밖으로 영혼체가 나올 때 특별한 영혼체가 나오면 데려가기 위해서 와있는 겁니다. 사람 영혼체는 우리 몸처럼 모두 색깔이 있는 비물질로 이루어져 있습니다. 그러나 특별한 영혼체는 사람 영혼체와 다르게 색깔이 없이 지구 신들과 똑같이 검은 비물질로 이루어진 영혼체를 가리킵니다. 이 비물질의 검은 영혼체는 지구상에 얼마나 드무냐 하면 지구 신들이 300년 동안에 단 한 명도 못 보는 수가 허다하다고 합니다. 이 특별한 영혼체는 마치 지구 신들이 사람으로 다시 태어난 것 같은 인상을 주는데 지구 신들은 그것은 아니라고 합니다. 그래서 달리 생각하면 어느 행성의 외계인들 영혼체나 또는 지구 신들과 모습과 색깔이 같은 외계인들이 지구에 왔다가 못 돌아가고 지구에서 인간으로 육화되어 태어날 수도 있을 겁니다.

부모의 정자와 난자가 결합하여 어머니의 배 속에 아기가 잉태될 때 아기의 뇌 속에 영혼인 신소립자가 자리하게 됩니다.

이때 하늘나라는 아기가 태어나 평생 살아가는데 함께 가는 사주팔자, 위험한 시기인 고비 등이 생년월일과 함께 운명으로 뇌속에 설계되는데 이 운명은 아기의 눈동자와 목소리에 나타납니다. 그리고 생년월일, 눈동자, 목소리로 인간의 운명을 알 수 있도록 지구 신들에게 능력을 부여했습니다. 그래서 지구 신들이 생년월일과 눈동자, 목소리로 운명을 보는 걸 사주팔자라고 하며 보통 평생 운이나 운명을 본다고도 합니다. 생년월일은 일반인들이 주역으로 보기도 하는데 지구 신이 인간의 눈과 목소리로 보는 인간의 운명은 눈이 예쁘다든지 추하다든지 또는 목소리가 아름답다든지 듣기 싫다든지 하는 것하고 아무 상관이 없습니다. 얼굴이 잘생기고 못생긴 것조차 운명과는 아무 상관이 없습니다.

전 세계의 무속인들은 신끼를 갖고 태어납니다. 신끼는 지구 신과 통하는 기운인데 유전자와는 상관이 없어서 유전되지 않습니다. 그런데 왜 어떤 사람만 신끼를 주는지는 알 수 없는데 그래도 어떤 상관관계가 있으니 주지 않나 싶습니다. 이 신끼가 없으면 아무리 노력해도 지구 신의 말을 알아들을 수 없어서 무속인이 될 수 없습니다. 만일 지구상에 신끼 있는 인간이 한 명도 없어서 지구 신의 말을 알아들을 수 있는 사람이 단 한 명도 없다면 인간과 지구 신의 관계는 완전히 단절되어 지구 신에게는 인간이 필요 없게 됩니다. 그만큼 지구 신에게는 신끼가 중요합니다. 그러고 보면 신끼는 엄청 대단한 겁니다. 무속인들은 신끼가 있어서 영험할수록 신을 볼 수도 또 신의 말을 알아들을 수도 있습니다. 만일 누가 사주팔자 운명을 보러 오면 지구 신이 무속인의 옆에 있다가 도와줍니다. 이건 유럽의 점성술사를 비롯해서 전 세계의 모든 종류의 무속인 다 마찬가지이며 무속인이 제스처만 다르게 쓸 뿐입니다. 신을 볼 수도 말을 들을 수도 없는 사람들이 신을 볼 수 있고 말을 들을 수 있는 무속인들을 무시하면 안 됩니다. 기도는 과학이나 미신으로 구분할 수 있는 게 아닙니다. 마음을 다하는 정성만 필요할 뿐입니다. 여러분이 어디서 어떻게 기도하든지 간에 여러분 앞에 아무도 없습니다. 만일 있다면 바로 지구 신입니다. 어찌 되었든 남을 무시하고 멸시하는 언행은 영적으로 미숙할 때 나온다든지 또는 영적인 진보를 저해나 저하시키니 절대 해선 안 됩니다.

지구 신들은 자신들이 신이기 때문에 인간의 운명을 알 수 있다고 생각하며 이것은 하늘의 이치라고 말합니다. 그렇지 않다면 왜 어떻게 그렇게 인간의 운명을 알 수 있게 되었는지 알 수 없다고 합니다. 이렇게 하늘나라는 운명과 신끼를 인간의 눈과 목소리에 그리고 마치 인간을 도와주는 게 큰 임무처럼 느낄 수 있도록 인간의 운명을 읽을 수 있는 프로그램을 평생 꿈도 한 번 꿀 수 없는 지구 신의 뇌 구조 속에 심어 놓았습니다. 그리고 지구 신도 인간처럼 전생 기억을 삭제당해서 지구 신들은 인간처럼 전생을 하나도 모릅니다. 그렇지만 지구 신들은 기억을 삭제당한 걸 우리 인간처럼 모르고 있으니 당연히 자신들이 인간 같은 뇌가 없기 때문에 전생을 모르는 것 아닌가 하고 생각하고 있습니다. 어찌 보면 지구 신들도 인간과 같이 피해자일 뿐이며 이 모두를 하늘나라 의지대로 부리기 쉽게 하기 위하여 그렇게 설계한 것 같습니다. 그래서 인간은 영원불멸의 영성을 박탈당한 채 한낱 운명 시뮬레이션의 꼭두각시 노릇을 하고 있는 것 같습니다. 인간이 이런 굴레에서 벗어나 우뚝 서려면 자기 자신의 주인이자 창조자로서의 역할을 다해야 합니다.

지구 신들의 몸은 검은 비물질로 되어 있어서 우연히 목격한 사람 – 신끼가 없는 사람도 순간적으로나 잠시나마 지구 신을 볼 수 있는데 반해 지구 신의 말은 텔레파시의 일종이지만 일반적인 텔레파시가 아니기 때문에 텔레파시를 들을 수 있는 사람도 신끼가 없으면 지구 신의 말을 들을 수 없습니다 – 은 지구 신이 검게 보이기 때문에 유령이나 귀신을 본 것으로 착각하기도 합니다. 그런데 어떤 사람은 그런 검은 신의 존재를 하얀 신이 나타난 것으로 목격하기도 하는데 '마음이 맑은 자가 그렇게 본다'는 것 외에는 지구 신들도 그 이유를 모른다고 합니다. 지구 신들은 인간에게 도움만 줄 뿐 어떤 해도 끼치지 않고 전 세계의 기도터, 기독교회, 이슬람 사원, 절, 천주교회, 힌두교 사원 등 기도하는 모든 곳에 자리하고 있어서 사람들의 기도를 들어주고 도와주고 있습니다. 그래서 지구 신이라고 하는 겁니다.

3) 한 몸에서 나오는 두 영혼체의 차이

2020년 2월 4일(화) 새벽 5시가 조금 넘은 시간, 제 영혼체가 우주로 나가기 위해 지구의 대기권을 향해 날아갈 때 몹시 급하게 저를 부르며 지구 어디에서 뒤쫓아온 신적인 존재가 있었습니다. 이 신적인 존재는 우주 중심 쪽의 먼 행성에서 지구에 와서 머물며 지구인이 죽을 경우 사후에 지구인의 영혼체가 지구를 떠나 다른 행성으로 가지 않도록 하는 임무를 띠고 있었고 하늘나라 측에서는 지구인의 영혼체가 하늘나라로 올라오도록 완벽하게 설계해놓았습니다. 그런데 사람이 죽어서 하늘나라로 올라가지 않고 우주로 나가려고 하면 전자 스크린으로 지구 공간을 관찰하여 영혼체가 전자 스크린에 걸리게 되어 있습니다. 또 일시에 수많은 사람들이 죽어서 영혼체가 다 나와도 하늘나라로 가게 되어 있고, 안 가고 우주로 나가려고 하면 전자 스크린과 전자 그물망을 이용하여 다 생포합니다. 마치 비행기가 레이더에 나타나듯이 걸리지만 레이더 같은 건 비교할 수조차 없게 그보다도 훨씬 더 자세하게 알 수 있습니다. 그런데 전자 스크린을 담당하는 다른 신적인 존재가 한눈을 팔았나 아니면 어떤 이유로 전자 스크린이 약해져서 느슨해졌나 제가 한참을 올라간 후 늦게서야 알고 저를 멈추라고 급히 부르며 뒤쫓아왔습니다. 부르는 자가 보이지도 않는데 저는 제 성격상 우주 공간에 멈췄습니다. 이렇게 붙잡힌 영혼체는 기억 삭제 시술을 받고 다시 환생하는데 저는 죽어서 나간 영혼체가 아니기에 그렇게 되지 않았다고 생각하고 있지만 이유는 따로 있는 것 같았습니다. 이들이 저를 경계하면서도 해코지를 하지 않는 것은 그만큼 이들의 힘이 약해졌다는 걸 의미할 수도 있고 또 하나는 제 정체성이 무엇인가 하고 그들이 고민하고 있다는 증거도 됩니다. 이게 가장 근접한 이유일 것 같습니다만 결국 제 정체성을 파악하고 그들이 저를 방문했습니다.

근 2년 후인 2022년 6월 12일(일) 오후 2시경.

전날 밤잠이 적어 몸이 몹시 피곤해서 안방에서 낮잠을 곤히 자고 있는데 갑자기 현관문이 '딸깍' 열리며 사람들이 우르르 몰려들어오는데 7명이었습니다. 들어와 바로 왼쪽의 주방으로 3명이 들어가고 4명이 응접실로 왔습니다. 응접실로 온 4명은 커다란 방문 유리창 — 가로 77cm × 세로 200cm 목재 미닫이문이 4개가 있는데 미닫이문 각자 한 개당 가로 18cm × 세로 32cm 특수 유리창이 15개씩 있음 — 밖에 서서 유리창을 통해 방 안에서 자고 있는 제 모습을 바라보았습니다. 그때까지 그들의 속도가 엄청 빨랐습니다. 이 일들이 순간적으로 다 이루어졌습니다. 처음에는 '딸깍' 하고 열리는 소리 때문에 밖에 나간 아내가 아직 들어올 때가 아닌데 친구나 친지들을 데리고 들어오나 했는데 그게 아니었습니다. 누군가 또는 무엇인가 모르겠는데 현관문이 '딸깍' 하고 열릴 때부터 사람은 아예 상대도 안 되는 엄청 대단한 영적인 기운을 풍기는 존재들이 집안에 들어왔구나 하는 느낌과 생각이 순식간에 들었습니다. 그래서 벌떡 일어나려고 하는데 일어나기 위해서는 꿈틀해야 일어날 수 있기 때문에 잠들어 있는 채 일어나기 위해 제 영혼체가 몸속에서 잠깐 꿈틀하니 방문 유리창을 통해 잠자는 저의 외모만 바라보고 있던 그들이 벌써 그걸 알아채고 순간적으로 물러날 때 제 영혼체가 벌떡 일어나 방문을 통과해 나가니 주방 식탁의 제 의자에 인간 영혼체 1명만 앉아 있을 뿐 함께 있었던 2명도 방문 앞에 오자마자 잠자는 저를 흘낏 본 채 4명과 함께 모두 현관문 앞에 나가 섰습니다. 그들은 우리 집에 오기 전에 이미 하늘나라 천국에서 제가 낮잠을 자고 있다는 것을 알고 방문한 것이었습니다. 그래서 집안에 들어오자마자 2층은 안 올라가고 제가 낮잠 자고 있는 방문 앞으로 바로 4명이 오고 조금 후에 주방에 있던 2명도 왔지요.

그런데 희한한 건 그들이 벽을 통과하지 않고 정식으로 현관문으로 들어왔는데 어떻게 했기에 현관문이 전혀 열리지 않고서도 마치 사람이 열쇠로 문 열고 들어오는 것처럼 '딸깍' 하고 열쇠로 문 여는 소리와 실내를 돌아다니는 발자국 소리를 어떻게 제가 느낄 수 있는지 아무리 생각해봐도 이해가 안 갑니다. 실제 사람이라고 해도 바닥 구조상 실내를 걸어 다녀도 발자국 소리가 안 나는데 어떻게 그들의 발자국 소리가 그렇게 크게 나는지 저도 그냥 영적으로 들으면 실제보다 더 크게 들린다는 것만 제 경험으로 알 뿐 왜 그런지는 모르겠습니다. 현관문이 열리는 처음부터 미닫이 유리창을 통해 방 안에서 자고 있는 저를 바라보다가 물러날 때까지 제가 두 눈으로 보지도 않고 마치 두 눈으로 직접 보는 것처럼 다 아는 것은 모든 영적인 존재들이 내는 영적인 것을 영적으로 듣거나 느끼기 때문인데 실제로 그들이 유리창을 통해 문밖에서 저를 볼 때 영적으로 대단한 기운들이 넘쳐났기 때문에 제가 빨리 알아챌 수 있었던 것 같습니다.

하늘나라에서 7명 – 1명은 죽은 사람의 영혼체인데 그냥 오기가 겸연쩍었는지 하늘나라 신(神) 6명이 이 영혼체를 데리고 옴 – 이 저를 만나기 위해 방문한 것입니다. 그때 그들은 낮잠 자고 있던 제 몸속의 영혼체가 꿈틀하는 것이 외관상 보이지도 않는데 어떻게 그렇게 빨리 알 수 있겠습니까. 저도 꿈틀하면서 바로 벌떡 일어났는데요. 현재 대형병원에서 인간 몸속을 찍는 CT나 MRI도 영혼체를 못 찾는데 그들이 영적으로 얼마나 발달했으면 방바닥에서 두께 3cm 정도의 이불을 덮고 자는 제 얼굴과 손만 보고 있으면서 몸속에 있는 제 영혼체가 일어나기 위해 잠시 꿈틀하는 걸 어떻게 그렇게 빨리 창문 밖에서 알 수 있는지 그들의 영적인 능력은 상상 이상으로 뛰어나고 대단하였습니다. 그리고 그들이 제 영혼체가 일어나기 막 전에 물러나 격식을 차린 것은 제가 잘 나서 차린 게 아니라 사전에 연락 없이 큰 짐을 갖고 온 게 부담되고 미안해서 그랬던 것 같습니다.

방문하기 위해 그들은 제가 사는 집을 알아내고 당일 그 시간에 낮잠을 자고 있다는 것을 미리 어떻게 알았는지 그리고 제가 그동안 어떻게 살아왔으며 영적인 면을 절대 못 찾게 해놓았는데 어떻게 일부라도 찾게 되었는지 그에 대한 사전 조사를 철저히 했던 것입니다. 그리고 당일에는 제가 자다가 그들이 온 걸 알아채지 못해서 못 일어날 것이니 일단 어떻게 생긴 사람인가 얼굴이나 한 번 보고 기다리자 하고 들어온 것 같은데 저도 그들의 영적인 능력에 놀랐지만 그들은 그들대로 저한테 매우 놀란 모양입니다. 그들이 응접실에서 현관문 밖으로 나갈 필요가 하나도 없었는데 말입니다. 평범한 인간인 제가 뭐라고.

달에 갈 때 함께 갔던 신적인 일행이 제 이야기를 그들에게 해주어 그들이 저를 직접 보러 왔는지 아니면 하늘나라에서 어떤 특별한 목적으로 저를 만나보기 위해 이렇게 직접 왔는지 또는 두 가지가 다 합해져서 오게 되었는지 모르겠습니다만 저를 보러 왔다는 건 대단히 긍정적인 일입니다. 그들은 2년간에 걸쳐서 저에 대해 조사를 철저히 한 것 같았습니다. 이 책에 기록한 저의 경험에 대해서도 거의 다 알고 있듯이 저에 대해 모든 것을 파악한 것 같았습니다. 하여간 어찌 되었든 저와 함께 달에 다녀온 신적인 일행과 하늘나라 신들(어떤 호칭을 해도 별 의미가 없을 것 같아서 제가 이렇게 붙임)은 머무는 곳은 서로 다르지만 넓은 범위로 볼 때 동료였습니다. 그리고 이때 그들을 맞이하기 위해 방을 나선 제 영혼체는 심장 박동을 이용한 유체이탈의 제 영혼체와 아주 미세하게 달랐습니다. 전자는 후자보다 미세하게 가볍게 느껴진 반면, 후자는 전자보다 에너지가 좀 더 있는 그래서 좀 더 듬직한 것 같은 느낌의 차이가 났습니다. 둘 다 두꺼운 벽도 아무런 장애가 없이 그냥 통과하고 마음만 먹으면 목적지로 가게 되는데 전자는 영적으로 힘이 강하면 장거리도 갈 수 있지만 주로 단거리를 다니며 후자는 거리에 상관없이 다닐 수 있습니다. 이렇게 인간의 육체 속에 존재하는 영혼체가 육체에서 밖으로 나올 때 영혼체가 지니고 있는 다른 차원 에너지의 밀도에 따라서 행동의 범위가 달라지는데 이것이 기능상 미미한 것 같아도 큰 차이가 나서 마치 영혼체가 두 종류인 것처럼 생각될 수도 있지만 육체 속에 영혼체는 하나입니다.

4) 환생의 비밀

우리 인류가 새로 태어날 때 윤회하는 환생 과정에 문제가 있습니다. 사람은 태어나면 전생에 사랑했던 사람, 가족, 친했던 사람, 어떤 일을 계속해와 그동안 쌓였던 기술과 지식, 경험, 노하우 등이 완전히 삭제되어 망각된 채 아기로 태어나 삶을 다시 새로 시작해야 합니다. 태어나기 전에 하늘나라에서조차 만나본 가족, 친구들도 다 잊어서 알지 못합니다. 그러나 사람들은 태어나 살면서 전생을 모르는 걸 당연한 듯이 생각하고 여기는데 이런 행동은 마치 전생이 없었다는 표현과 같습니다. 지구인의 영혼은 이상하게 영적으로 치매에 걸린 것과 비슷합니다.

사람은 누구나 전생이 있습니다. 심지어 영혼이 없는 동물도 거듭 태어납니다. 그래서 차원이 존재하고 영혼 신소립자가 단세포에서 식물이나 동물로 그리고 곤충으로 또 곤충에서 짐승으로 이런 식으로 계속 단계적으로 올라와 결국 인간으로 태어나게 됩니다. 이것은 육체 유전자의 진화 과정을 말하는 게 아니라 영혼의 영적인 진화 과정을 말하는 겁니다. 이런 과정이 처음부터 인간까지 수억 년 정도 걸립니다. 또 인간은 4차원으로 올라가야 되는데 3차원에서만 수백만 년이나 그 이상 걸릴 수도 있습니다. 이건 현재 우리 인류가 그렇게 하고 있지요.

상위 차원으로 올라가게 되는 방법은 두 가지입니다. 한 가지는 지구 행성 자체가 4차원으로 상승해서 자동적으로 올라가게 되는 것과 또 하나는 본인 자신이 영적으로 진화해서 4차원으로 올라가는 겁니다. 지구 행성 자체가 4차원으로 상승해서 올라갈 때 영적으로 진화하지 못해 4차원을 따라가지 못한다면 당연히 4차원의 일원이 되지 못하고 아래 단계에서 머물게 됩니다. 그러니 영적인 것이 이 우주에서 얼마나 대단하고 중요한 것인지 알게 될 것입니다.

사람들이 전생이 없다고 생각하는 것은 그 자신이 전생을 망각하여 모두 다 잊었다는 사실 그 자체도 모르기 때문입니다. 그래서 영적으로 치매와 비슷하다고 하는 겁니다. 즉 영원불멸한 영혼인 신소립자의 기억들이 모두 다 삭제되었기 때문입니다. 전생 기억을 삭제해서 우리 인간이 영원불멸의 영적 존재라는 것을 말살시켰습니다. 사람으로 살아오면서 기억된 모든 것들이 다 삭제되는 이런 어처구니없는 일이 왜 생긴 것인지. 모두 다 삭제되어 전생에서 알았던 것들을 계속할 수 없고 처음부터 새로 배워서 시작해야 하니 지구의 과학과 문명의 발달도 느릴 수밖에 없습니다. 참으로 안타까운 일이지만 어쩔 수 없습니다. 이렇게 전생 기억을 삭제당하여 모두 망각하다 보니 '사람은 이 세상에 태어나 한 번 살다가 죽으면 그걸로 그만이다'라는 인식이 박히게 되었습니다. 참으로 안타까운 일입니다.

인간의 몸이란 영혼체를 보호하고 영적인 것들을 쌓아가기 위한 도구에 불과할 뿐이어서 영적으로 진화하기 위하여 무한정 바꿔가면서 거듭 환생하게 됩니다. 환생은 윤회고 윤회는 곧 영생입니다. 환생하는 몸은 유전자로 이루어져 있습니다. 영적인 진화는 유전자로 이루어진 몸이 그만큼 영적인 면에 정성을 다해 노력해서 이루어낸 좋은 결실로 생기고, 큰 진화는 그런 결실들이 아주 오랜 생에 걸쳐서 영혼 신소립자에 쌓이고 쌓여 나타난다고 보면 됩니다.

하늘나라는 기억 삭제 시술과 최면 요법 시술을 하여 존재하지도 않는 천국과 지옥 등 많은 것들을 우리 뇌 속에 심었습니다. 그렇지만 실제로 하늘나라는 상위 차원의 생활과 특성이 똑같지는 않아도 닮아 있어서 비슷하니 천국과 같다고 할 수도 있습니다. 그런데 환생하기 전에 마지막에 기억 삭제 시술을 하니 이게 문제입니다. 하늘나라는 넓지만 기억 삭제 시술을 하는 곳은 고도의 과학기술을 요하는 기계들을 설치해야 하기 때문에 지구상에 불과 몇 군데 안 됩니다. 이제 하늘나라는 앞으로 가면 갈수록 기억 삭제 시술과 최면 요법 시술 사용에 신중을 기하고 조심할 것입니다. 하늘나라의 능력과 힘은 아직 건재하지만 미래로 갈수록 더욱 약해지든지 아니면 어느 날 큰 용단을 내려서 철폐할 수도 있을 텐데 아직은 요원한 미지수입니다. 이렇게 기억 삭제 시술을 하는 이유는 지구인들이 기억해서는 안 될 일들이 있었기 때문에 벌어진 일이지만 이렇게 끝없이 계속 전생 기억 삭제를 당하고 있으니 참으로 안타깝습니다. 그렇지만 한편으로 전생 기억 삭제 시술이 조금씩 풀려서 훌륭한 과학자들이 기억을 조금이나마 되찾아 오늘날 이렇게 과학도 발달하게 되고, 태어나는 아이들이 앞으로 갈수록 영적인 면을 조금씩이나마 더 기억하고 태어나서 영적으로 더욱 발달된 사람으로 자랄 수 있어서 그나마 다행입니다.

하늘나라는 처음부터 우주에서 최고의 특급기밀로 만들어지고 다루어진 곳입니다. 다른 행성에는 하늘나라 같은 곳이 없습니다. 하늘나라는 지구에만 있으며 인간이 죽으면 몸에서 영혼체가 나오는데 영혼체는 원래 먹을 필요가 없고 마실 필요도, 돈도, 병도, 아프지도, 덥고 춥지도 또 골치 아픈 것들을 배울 필요도 없으니 영혼체가 가는 하늘나라는 원래 천국이란 곳은 없지만 통상 지구인들이 생각하고 있는 그 천국과 같은 곳입니다. 그곳에서 편안하고 고요하게 지낼 수 있습니다. 그리고 그곳에 있는 신들은 각자 한 명씩이 지구인에게는 하느님처럼 보일 수 있고 또 우리 앞에 그렇게 나타날 수도 있습니다. 그들은 이미 성경에 나오는 십계명과 인간의 운명을 만든 신이 주역, 인간의 몸을 만든 신이 한의학에서 나오는 인체의 경락과 경혈을 우리에게 가르쳐 주었습니다. 그리고 하늘나라라는 가상 우주와 인간의 운명을 만들 정도면 하느님 소리를 듣고도 남지요. 그래서 인류가 이렇게 당해도 당하는 줄도 모르고 당하면서 살고 있는 겁니다. 이게 우리 인류의 진실이고 안타까운 현실입니다.

"하느님! 이제는 지나간 것은 지나간 대로 다 묻어두고 끝내면 되는데……. 이렇게 된 것 이해 못 할 게 무엇이 있겠습니까? 이제 지구인들이 영원불멸의 영적 존재라는 걸 알 수 있도록 도와주세요."

- 나의 견해(私見) -

인간 세상에서 어리석은 자를 폄훼할 때 '우물 안 개구리'라고 합니다. 그러나 때로는 인간의 사고가 우물 안 개구리보다도 못한 달걀 속과 같을 때가 있습니다. 우물 안 개구리는 하늘의 일부라도 쳐다볼 수 있지만 달걀 속에서는 달걀 속껍질을 하늘인 줄 압니다. 이것은 지구가 멸망하지 않는 이상 과학은 계속 발달해가는데 이 글을 읽는 현시점에서도 미래의 과학이 어떻게 다가올지 인간의 능력으로서는 상상할 수도 없으니 현재의 과학만 생각하고 이 과학에 의존해 판단하고 생각하는 것이 당연히 맞고 또 그렇게 생각해야 하는 것처럼 사고하는 즉 바로 눈앞의 사건만 증명해야 하는 과학을 너무 맹신하다 보면 생기는 심리적인 습관입니다.

NASA(미국항공우주국)는 1974년에 푸에르토리코 아레시보 천문대 전파망원경을 이용하여 2진법으로 해독하면 인간의 모습과 DNA 구성이 나타나는 메시지를 우주 공간으로 송출했습니다. 그리고 2024년에는 50주년을 기념하여 외계 문명에 지구와 인류를 소개하는 전파 편지를 보내기로 결정한 바, 중국의 서남부 구이저우성의 핑탕현에 직경 500m의 거대한 톈옌(天眼·하늘의 눈)이란 전파망원경과 미국 캘리포니아의 SETI(외계지적생명체탐사연구소)의 알렌망원경, 이 둘 중에 한 곳이 선택될 가능성이 높다고 합니다. 전파 편지 내용은 2진법으로 손 흔드는 남성과 여성의 그림 등 많은 내용과 지구 위치를 담은 우주 지도를 포함하기로 했다는데 외계에 이렇게 홍보해서 얻는 게 과연 무엇입니까?

1974년에 한 행위가 얼마나 큰 잘못인지를 모르니 또 50주년 기념으로 더 큰 잘못을 저질러보겠다는 용기는 외계인이 존재하여 지구의 위치를 알아도 나사의 우주선이 가는 속도로 외계의 우주선도 날아와야 되니 시간이 너무 오래 걸려서 도저히 지구까지 올 수 없다는 판단에서 이렇게 하는 것 같습니다만 2024년에 보낼 예정인 전파 메시지 프로젝트는 철회해야 합니다. 좋은 의미로 외계의 지적 생명체를 찾는 프로젝트이지만 좋은 뜻이 꼭 좋은 결과로 귀결되는 건 아닙니다. 특히 외계의 고등생명체들과 연결된다면 더욱 그렇습니다. 이 우주에 우리 지구만 생명체가 있고 우리는 우주 최고의 고등생명체라는 생각에 안주하고 있다면 그것은 우리 자신이 우주에서 어느 정도의 수준에 머물고 있는지를 아직도 통 모르기 때문입니다. 먼 우주 어디에는 차원은 낮아도 과학이 고도로 발달하여 수백 광년을 한 달 안에 올 수 있는 악성 외계인들이 존재할 수 있다는 것도 염두에 두어야 합니다. 지구 안에서도 선과 악이 존재하는데 우주라고 다르겠습니까? 잘못되면 미래에 큰 비극이 발생합니다.

'외계에서 우리 인류보다 발달한 고등생명체가 발견되지 않으니 이것은 존재하지 않기 때문에 발견되지 않는 것이다. 무한한 우주에서 우리 인류가 유일한 고등생명체다'라는 사고방식은 달걀 껍데기 속에 있는 것과 같습니다. 사실 우리 지구에서 우주의 중심으로 가면서 만나는 행성마다 존재하는 고등생명체들은 우리와 차원이 같으면 몰라도 차원이 높다면 우리가 볼 수 없습니다. 우주 중심은 그렇다 치고 인근 행성도 마찬가지입니다.

지구는 우주 중심에서 아주 멀리 외곽에 떨어져 있어서 우주 중심 쪽의 행성들과는 비교할 수조차 없이 문명이 늦는데도 불구하고 우리 인류가 우주에서 문명이 가장 높다는 발상은 어디서 어떻게 나오는지요. 그러나 과학이 고도로 발달하고 차원도 높은 다른 행성이나 우리 인류나 영혼 신소립자의 기능은 동일합니다. 그래서 지구인들의 영혼체도 우주로 나가면 신 같은 그들과 동격입니다. 이것은 지구인 어느 누구나 다 똑같습니다.

우리가 살아가다가 손이나 발이 사고로 절단되었다면 살아가는데 몸이 불편해서 그렇지 영적인 발달을 도모할 수는 있습니다. 그러나 미래에 누구든지 우리 인간의 뇌나 몸속에 생체칩을 이식하면 절대 안 됩니다. 인공지능(AI) 로봇이나 슈퍼컴퓨터가 아무리 발달해도 영적으로는 제로(0)입니다. 그런데 문제는 우리 인체 속에 생체칩을 이식하면 그것으로 인한 아주 미묘한 부작용이 발생하여 영적인 발달을 저해시킵니다. 머리, 얼굴뿐만 아니라 온몸이 다 그렇습니다.

모두 영적인 진화를 이루시기를 기원 드리면서

♡ 그동안 읽어주셔서 진심으로 고맙습니다

— 끝 —

인간의 비밀

초판 1쇄 발행 2023년 3월 31일

글쓴이　김성남(godquark@kakao.com)
펴낸이　이기봉
편집　좋은땅 편집팀
펴낸곳　도서출판 좋은땅
주소　서울특별시 마포구 양화로12길 26 지월드빌딩 (서교동 395-7)
전화　02)374-8616~7
팩스　02)374-8614
홈페이지　www.g-world.co.kr

ISBN　979-11-388-1797-4 (03400)